Understanding Design:
Cases of Modern Household
Product Design
70

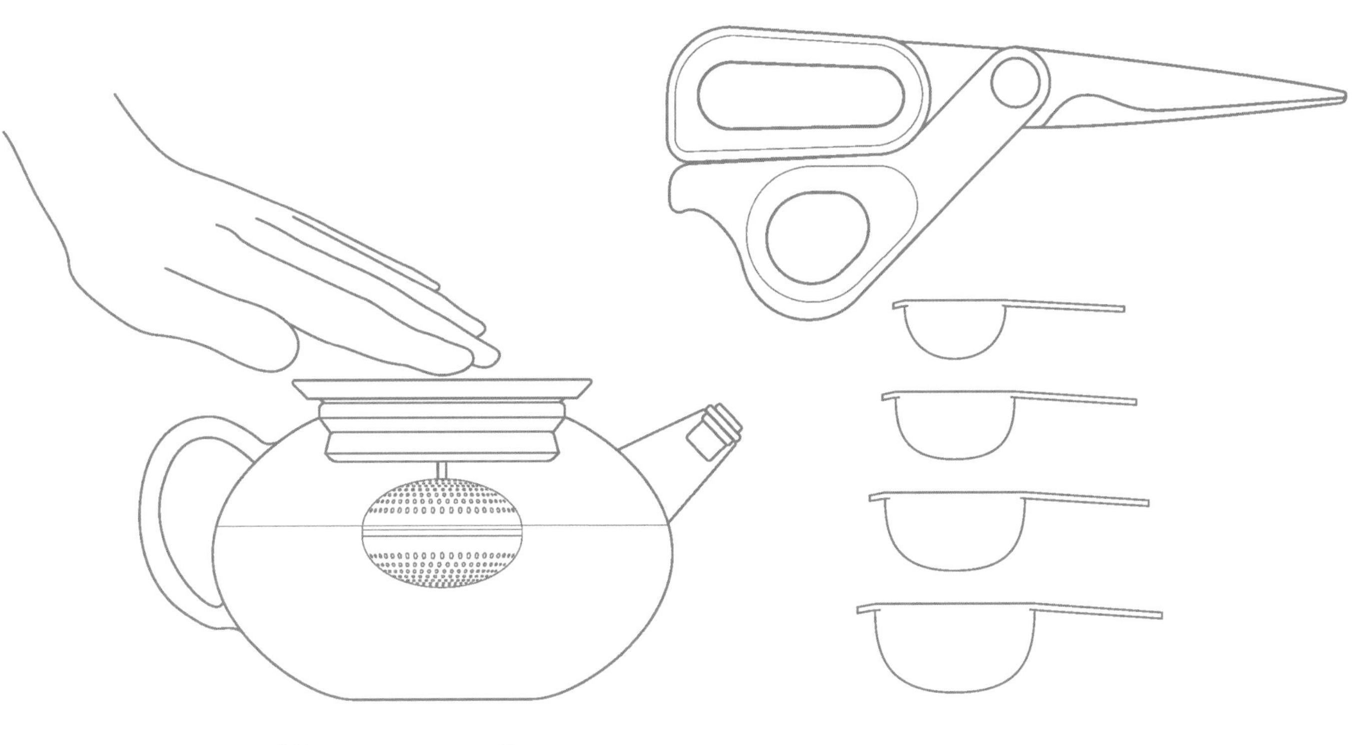

看懂设计：现代家居产品设计案例解析

Understanding Design:
Cases of Modern Household
Product Design

江南 著

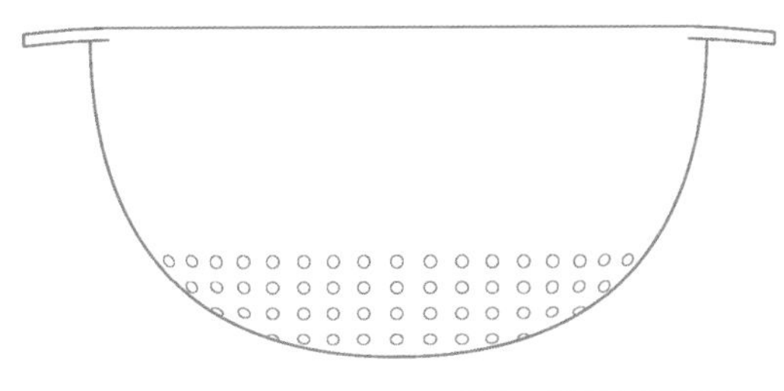

ZHEJIANG UNIVERSITY PRESS
浙江大学出版社

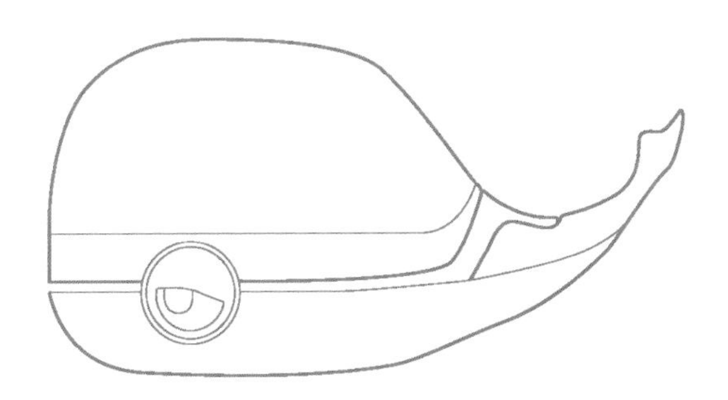

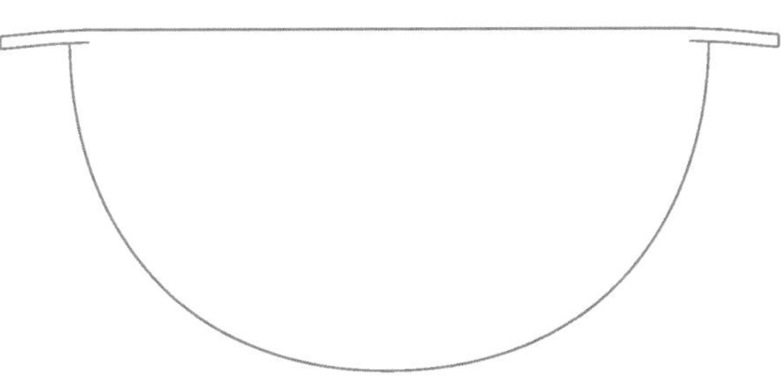

看懂设计：现代家居产品案例解析目录

1

看懂设计：现代家居产品案例解析

绪言

本书对家庭场景中各个细分空间内，部分具有设计代表性的用具、用器等家居产品进行了案例的收集与整理；并针对产品的具体设计表现，在用户与设计师的不同层面进行解析与探讨。它既是一本引导广大工业设计专业的学生朋友学习理解产品的设计定位与设计表达、掌握工业设计在产品具体设计开发中的思考模式与设计方法的参考工具书；也是一本帮助大众读者了解现代家居产品典型案例、拓展家居产品认识面、增加家居产品更多消费选择方向的产品检索手册。

撰写本书的契机来源于笔者在大学中执教部分设计相关课程时发现，学生对于产品案例的研讨流于表面，表现在：针对案例的分析和研究，一些学生侧重于只完成对商品信息及商品文案的收集与复述，而忽视了产品在设计表现中“隐藏”着的基于人群与空间乃至功能等目标定位下，产品真实的设计意图以及产品中某些设计元素侧重表现的成因。对于此类问题，笔者在本书中通过案例解析的形式，以整理—分析—思考—理解—拓展—实操的流程依序展开，帮助学生揭开商品的表象，认识产品的设计成因，理解产品的设计信息，学会产品的设计方法，最终能够独立自主地举一反三。

同时，站在设计师与用户的不同角度进行思考，双方对于同一件家居产品的设计认同，应该来源于彼此面对这件产品的设计语言时，在生活阅历以及知识背景下产生的共鸣。笔者希望以本书作为桥梁，在以设计师身份展开设计工作的同时，也以用户身份去理解、还原目标人群的真实需求，帮助一部分有更高标准、更高要求的消费者以及一些对工业设计领域有浓厚兴趣的大众读者，通过本书进行家居产品设计案例的信息拓展与消费选择。

目前国内与本书内容形式相似的辅助书籍较少，参考资料欠缺，加之笔者的时间与能力有限，对于内容的撰写可能有不尽如人意之处，欢迎同行及专家批评指正，以使笔者可以在今后的其他著作中改善、提高。

最后，感谢书中这些优质产品的杰出设计者，是他们在设计道路上的前行，才为本书提供了如此精彩的案例作品，让笔者得以有机会向读者展示工业设计的魅力。在此也借本书的出版发行，向他们表达敬意。为尊重设计者署名并便于读者查询，本书所收入的国外设计案例，均标注了设计者的外文原名。特此说明。

看懂设计：现代家居产品设计要素

2

People, Product, Environment 人、物、环境

从工业设计的角度来讲，一件合格产品的设计，必然是通过一系列设计元素的整合表现来完成的，缺少不了“功能”“结构”“形态”“色彩”“尺寸”“材质”“肌理”等相关设计元素的构成。而其中“功能”是产品使用目标，“结构”是产品成型构造，“形态”“色彩”“尺寸”是基于视觉形态表现的元素，“材质”与“肌理”是在视觉形态表现的基础上通过肤觉体验表现的元素。同时，“形态”“色彩”“尺寸”“材质”“肌理”等元素的设计表达最终也会反馈到产品的“功能”表现。而为了实现所有设计元素在产品中的具体表达，产品“结构”的构造成型又成为必不可少的环节。所以，设计元素可能各式各样，但不会独立呈现。一件产品往往是众多设计元素和谐整合的设计综合体。你可以看到某些产品中某个设计元素的表现尤为亮眼，不过如果没有其他设计元素作为基础依托与支持，产品本身是不能成立的。

但是在工业设计中，设计师可以做到针对不同的工业设计产品，根据设计定位的考虑，放大或缩小某些设计元素在产品中的设计成分比重，即考虑设计的侧重点，以此带来相同产品类别中不同设计表现（设计细分）的变化。例如：市场中两件同样具备水果榨汁功能的家居器具产品，根据消费者的使用定位，其中一件可以以“完好榨汁”作为产品主要价值体现，强调榨汁器具备产品的功能本质，榨汁是其最主要目的，以“工具”的形象出现；而另一件则可以在只满足“能够榨汁”的基本使用功能的基础上，弱化榨汁的功能本质，以“装饰”作为产品的主要价值体现，强调器具在家居空间环境中的视觉效果，使其产品附加价值迎合现代家居生活中用户对于家居器具在“工具”这个基础功能之上的“装饰”的要求。这时候，不同目标下的同类产品，其设计元素的侧重比重是不一样的。

如何定位设计目标？如何拿捏在设计中不同设计元素的比重？如何在设计落地后收到符合市场预期目标的用户正面反馈？这都需要考虑目标人群与目标环境对于特定产品设计框架的“约束”。工业设计的概念因人而异，但核心理念离不开“人、物、环境（空间）”。这里涉及的信息关键词其实是对设计定位问题的概括，说得通俗点，即“什么样的人在怎么样的空间环境中为了何种目的去如何使用一件具备针对性功能的产品”。

我们之所以能够跨越空间和时间，在同一种类别、同一个名称的产品线索中找寻到无数件截然不同的产品，是因为产品从工业设计开发之初到设计过程展开之前，一直由设计师针对目标市场消费细分的设计定位进行着理性的、逻辑的思考。而这个思考的方向和依据就来自“人群”和“环境”。

3

Target Group Positioning 人群定位

设计师在设计过程中会研究与产品有实际接触的人群，这个人群可以分为“消费人群”与“使用人群”两类。更多时候，我们把“消费人群”和“使用人群”联系成一类人群去分析，这是因为：绝大多数的产品消费者本人即为产品使用者，其以个人的主观意愿去实现两种自主行为（商品消费行为与产品使用行为），达到最终对产品进行功能使用的目的。然后设计师将特定人群的年龄、性别、身体素质、文化背景、工作（学习）性质、经济能力、行为模式等因素进行整理、分类和归纳，结合时下消费热点信息与文化舆论背景进行针对特定人群的设计定位。

有意思的是，在一部分情况下，“消费者”和“使用者”是分开的。即“消费者”只做出消费行为，而真正的“使用者”才是产品使用体验行为的执行人。譬如“我”买产品送“你”，“我”即是消费者，“你”即为使用者。“我”执行消费行为，“你”执行使用行为。例如其中一种情况：“家长”挑选购买产品，完成消费行为后，把产品给予“孩子”，而“孩子”不接触产品消费，只进行产品使用。这种情况下，就需要设计师在做设计定位时，思考两类人群的两种行为需求。

人群定位可以依据人的行为来分析，包括人的心理行为和人的生理行为。商品消费即是一种行为，而产品操作使用是另一种行为，但这两种行为都包含了生理和心理的双重行为表现。而行为能力，必然是根据不同人群而产生区别的。例如前面所讲的人群的年龄、性别、身体素质、文化背景、工作（学习）性质、经济能力以及行为习惯等因素。

看懂设计：现代家居产品设计要素

Environment Postioning（Spatial Positioning） 环境定位（空间定位）

环境与空间涉及室内与室外两类。室外空间既要考虑到自然环境的影响，包括日晒、雨淋、刮风、下雪、温度与湿度的变化等；也要考虑到人为因素的影响，包括正常使用损耗、非正常人为破坏等。这些信息在城市公共设施这类产品的设计开发中会作为设计定位的考量因素。室内空间涉及的具体空间也不少，按照行为模式区分，常见的有“生活行为的家居空间”“工作行为的办公空间”“休闲行为的商业空间”等等。这里以“生活行为的家居空间”展开，着重分析一下。

一个适合三口之家生活标准的家居室内空间，以生活行为细分，可以分出若干空间单位，包括玄关、客厅、餐厅、厨房、卧室、书房、卫浴、阳台等。每个细分空间对应的人群的行为即对应着这些单位空间各自的功能表现。例如：玄关对应的行为有脱鞋、换鞋、挂外套、置放随身物件；客厅对应的行为有坐、卧、躺、靠、小憩、会客交流；餐厅对应的行为有饮食、休闲；厨房对应的行为有烹饪料理、清洁整理；卧室对应的行为有坐、卧、躺、靠、睡眠、衣物穿脱；书房对应的行为有工作、阅读；卫浴对应的行为有刷牙、洗脸、沐浴、梳妆；阳台对应的行为有晾衣、收衣、简单的植物种植等。

所谓空间对应行为，是指特定空间里必然会有特定产品被特定人群的特定行为所操作使用。例如最能体现家庭家居特质的产品——床。床作为家居生活的重要行为——“睡眠”的匹配产品，出现在家居空间的卧室单位空间里。床赋予了它所在空间的功能定位，这个空间之所以被定位为“卧室”，在于人在这个空间内的这件产品上进行了长时间睡眠的休息行为。因此，人、物、环境（空间）是完整的构成，缺少任一环节的定位，其他环节的性质就会产生变化。

5

Comprehensive Target Positioning 综合目标定位

涉及具体案例分析时，例如“杯子”这个在日常生活中常见的产品类别，如果是一个产品开发的实际项目，当你听到甲方委托你设计一款杯子时，你想到的是什么？你听到的是“杯子”两个字，随即反应过来的是关于“杯子”的视觉影像。但你脑海里不应该也不能够只出现“杯子”的影像片段，你应该想到：我需要提供符合甲方预期目标的设计。那符合其预期目标的产品是怎样的？是迎合市场、能够得到市场正面反馈的产品，是做到市场消费细分、精准对应目标消费人群的产品。

如何做到设计最终的表现能够符合预期目标？关键是要找到相对应的设计框架约束。

设计框架约束是什么？是基于特定产品的人群、环境以及功能的针对性定位。所以你应该及时与甲方进行沟通，在沟通中得出产品针对的目标人群和环境因素以及功能定位。

杯子固然是可以用来喝水的，但是只能用于喝水吗？并不一定。那还能干什么？“漱口”——甲方告知了产品的特定用途。得到“漱口”这个关键词，你随即展开的联想是什么？是漱口的情景。这个情景在哪个场景中出现？是卫生间、浴室，是家居环境中的特定空间。这个情景中人的行为有哪些？有拿起杯子、握住杯子、用杯子盛水、抬手举杯到口腔部、手腕转动改变杯子角度出水、倒水、放下杯子等一系列行为动作。那如果将人群再细分一点，甲方对目标人群的定位范围缩小到儿童，其行为能力不一样了，行为表现是否有变化？或者行为是否受到了身体素质能力的限制？同时人群的心理行为是否会对产品的需求产生影响？再进一步缩小范围，是什么年龄段的儿童？3至6岁？6至12岁？数字信息比较模糊？那针对教育年龄阶段来考虑，幼儿园阶段？小学阶段？小学三年级前？小学三年级到小学毕业？

这一系列思考都是需要得出答案的，你会发现，到目前为止，你还完全没有进入杯子的方案设计阶段，你在做的是设计目标定位的思考。这是一个思考人群定位、环境定位、功能定位的过程。收集、整理、理解、分析、判断，最后得出结论，你才会得出一个明确的设计方向，从最符合甲方预期目标、最贴合目标消费人群消费及使用意愿的方向展开，进入方案设计阶段。

现在再来看一下这个项目——“杯子”，经过与甲方的沟通以及自身对目标的思考，得出初步的设计定位结论与设计元素预判：杯子的功能是“刷牙漱口”，人群是“幼儿园在读阶段儿童（性别不限）”，环境是“家居卫浴空间或幼儿园卫生间”。造型元素上应该避免尖锐角边，以曲线曲面元素为主，体态适当饱满，表现一定的亲和力；色彩元素上如果强调儿童用具的产品识别性，则可以运用鲜明颜色，提高颜色纯度与明度，如果注重产品与环境的融合，又不失儿童用具的特征，则可以降低颜色纯度但提高颜色明度；结构元素上根据儿童行为能力，增加手柄结构，方便握持；材质元素上摒弃玻璃及金属材质，减少或避免因误操作而导致的杯子滑落、打翻、摔破产生玻璃碎片或金属重器落地砸伤脚面的危险情况，首先考虑塑料之类的材料，既容易造型加工，又因为轻巧与稳固不易产生危险；肌理元素上可以考虑在手型接触部位设计提高摩擦系数的肌理，帮助儿童稳定握持杯子；尺寸元素上根据儿童手部的尺度数据，以握持动作为前提进行尺寸范围的匹配，分别考虑杯身与手柄的尺寸因素，等等。

在得到上述定位信息后，设计方可逐渐展开，产品开发的流程将依序准确合理地进行下去。从上文中可以看到设计信息的结论受到人群定位、空间定位和功能定位的约束，即设计框架约束。目的就是缩小设计范围，展开更准确、更具效率的设计工作。所以，对于产品所对应的人群及环境的实际表现的观察，其实也是对一件产品在进行具体设计前所展开的设计预估。

看懂设计：现代家居产品设计案例解析 1

ALESSI Juicy Salif 外星人榨汁器

国　家：意大利
设　计：Philippe Starck
品　牌：ALESSI
时　间：1990 年
材　质：铝、PA、PTFE
尺　寸：不详

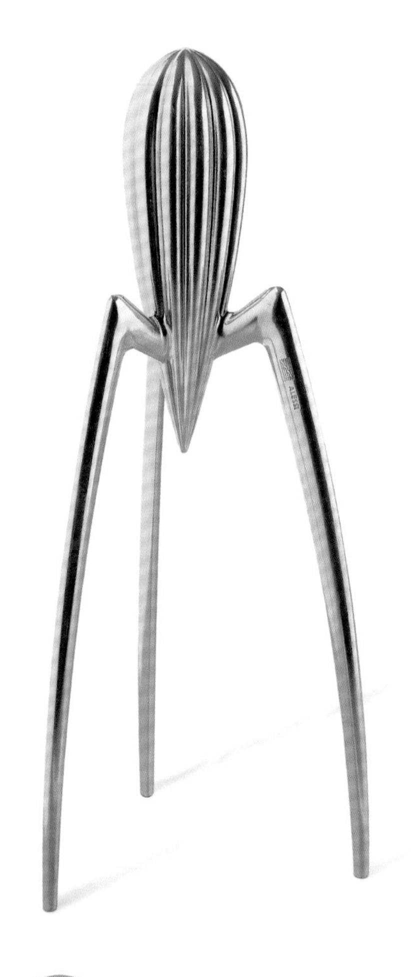

这是一款经典的家居榨汁用具设计。从造型上看，外形轮廓线条流畅，上半部的倒水滴形结构承担着榨汁和引流的功能，下半部的三支脚造型支架作为承载架构承担支撑与稳定的作用。上下两部相结合，形成一个完整的产品形态架构；尺寸上定位于桌面小型用具，上半部倒水滴造型部分的尺寸对应柠檬或橙子之类的小体量水果，下半部支脚支架高度考虑了果汁盛器的尺寸跨度范围；材质上应用的是经过抛光的铸铝或者涂上聚四氟乙烯（PTFE）的聚酰胺（PA），同时还有镀金限定版。

从视觉表现的角度来讲，这款外星人榨汁机绝对吸引眼球，能够成为家居环境中一个亮眼的装饰构成。但是从功能使用的角度来讲，它似乎有一些缺陷，例如榨汁的行为。这款产品在使用时，需要先把水果切半，然后单手握住水果，使用向下挤压的形式，从榨汁机顶端按住水果往下用力。其实，这样的行为方式会因为受到使用者的行为力量和挤压角度影响的关系，使水果汁并不能完全被榨出，会有残留及浪费；其次，因为是开放式榨汁，汁水虽然能够通过顶部倒水滴造型和表面引流槽顺利往果汁盛器中流淌，但是使用者的手掌部位难免会被汁水溅射到，导致出现手部的清洁问题；再者，因为是重心较高的造型设计，所以，在单手做挤压操作的同时，使用者的另一只手还需要握紧底部支脚支架，以保持大力量挤压行为时产品自身的稳定性，其行为效率并不是很高。另外，挤压的力量和角度也对支架的承载性提出更高的要求，如果挤压的力量过大或者角度不对，就容易发生支脚断裂的情况。

综上所述，这款外星人榨汁机其实在设计时的定位思考并不是向着功能为主的用具方向出发的，它更像是一件具备榨汁基础功能的，符合当时的时代背景和文化热点命题的，视觉表现大于功能表现的“装饰性”家居用具。

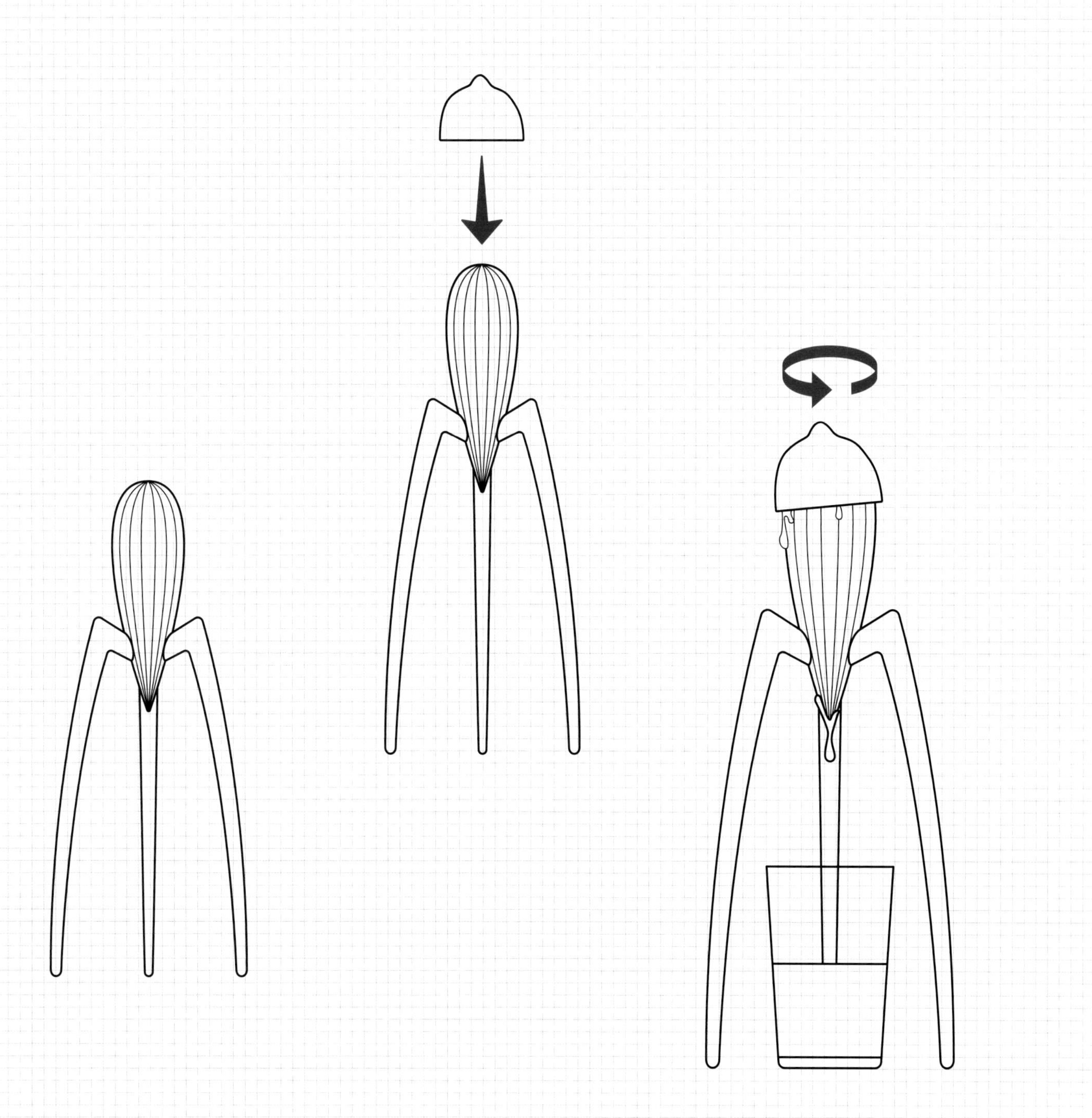

ALESSI Juicy Salif 外星人榨汁器

看懂设计：现代家居产品设计案例解析2

Ori-Kit 可折叠厨房用具套件

国　家：埃及
设　计：Anas Elshafey & Amr Aboelnasr
品　牌：不详
时　间：2016 年
材　质：PTFE、硅胶
尺　寸：勺子 53mm × 210mm　36mm × 195mm　23mm × 120mm
　　　　铲子 60mm × 210mm　漏斗 100mm × 210mm　过滤斗 105mm × 105mm

这是一套厨房用具，包括三个勺子、一个铲子、一个漏斗和一个过滤斗。产品造型上没有做过多装饰性的视觉表现，单纯以“折纸”的行为整合功能表达设计意图。可以看到，产品的原始状态是平面的“纸板化”形态，产品的材质是PTFE和硅胶，利用“折纸”结构，在特定材料的基础上可以按照折线痕迹进行立体化的简单变形。当形成立体形态后，产品便产生了用具的功能形态。

很明显，这款设计的定位主要体现在空间的负荷表现上。因为足够“小”，它不像常规厨房用具那样，造型与尺寸基本都有固定模式，在置物收纳时需要固定位置，而是可以在需要收纳时通过薄片化的“纸板”形态“隐藏”起来，也可以在需要使用时通过简单折叠行为立刻成为用具。

厨房用具的特定场景是包括厨房在内的烹饪料理环境，这类环境在实际操作场景下，对于烹饪料理的空间和时间都会提出更高的要求。在室内场景中（例如厨房）这件产品所表达出来的设计意图就是：在紧凑的行为下，在有限的空间中，在更短的时间内，找到功能特征明显的用具，并随即展开基本功能的使用；在室外场景中（例如野餐）这件产品所表现出来的设计意图就是：去掉笨重的厨房用具，减轻重量，减少空间，随时随地随身携带，但同时还保证了具有厨房用具的基本使用功能。

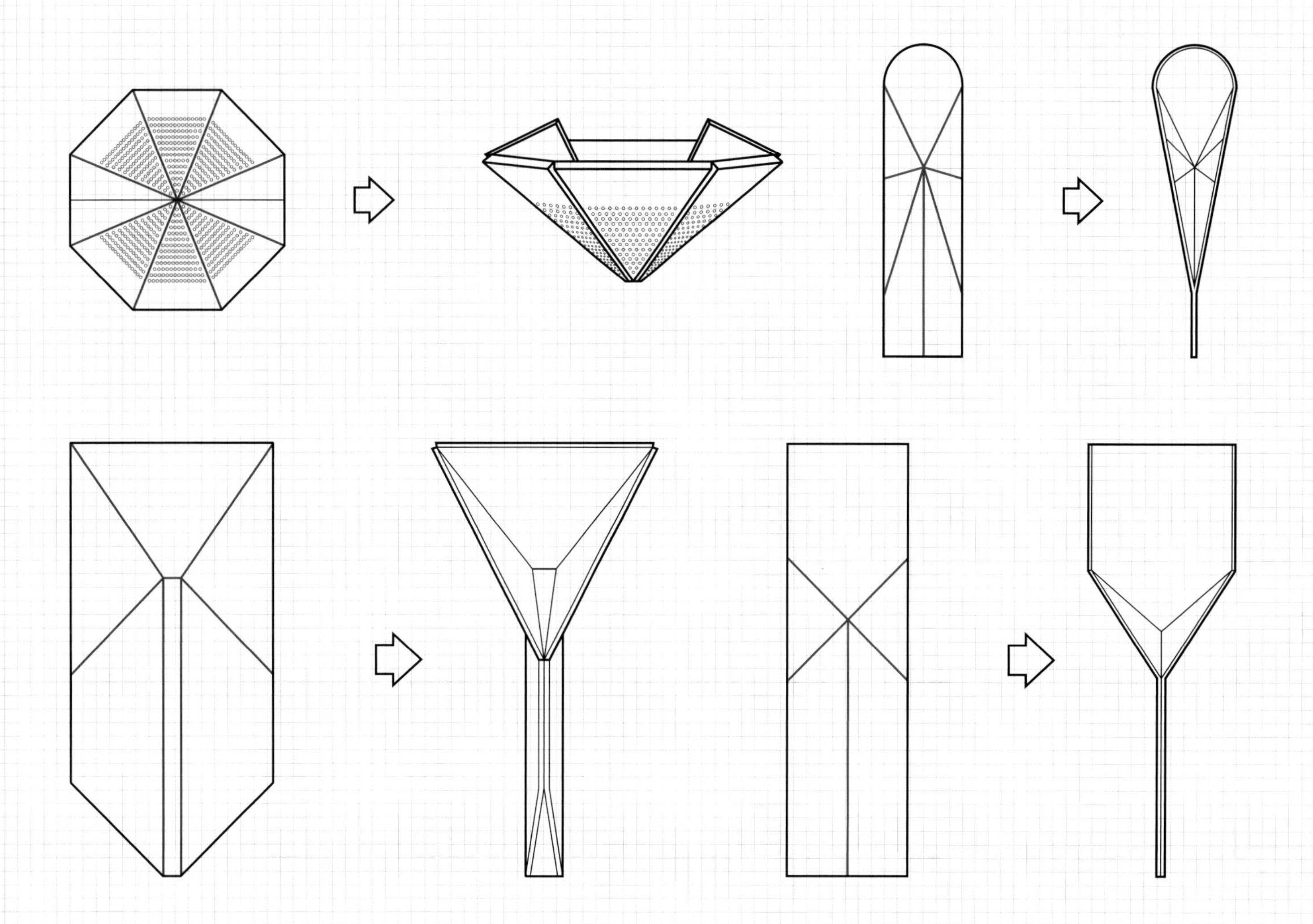

需要指出的是：因为产品对应人群的使用侧重点不同，这套用具在产品基础功能（厨房用具的本质属性）的使用表现上，与常规的厨房用具相比，会有所差距，产品的综合表现介于“能用”与“好用”之间。

“能用”指的是产品基础功能已达标，可以使用，并且足以完成目标任务；而“好用”指的是产品在基础功能达标的前提下，还要让用户在使用时，因为产品解决了用户的痛点问题而在心理上产生了愉悦感、轻松感等诸多良好的用户体验感受。

对于产品“能用”与“好用”的理解及选择取决于用户对于产品使用痛点的定义及判断。这套产品对于用户痛点问题的思考表现在：通过设计，达到了减少用具收纳时的占地面积与使用时的空间体积，以及提高了用具使用时用户的行为效率这两个目标。这也是这件产品的设计核心与目标追求。

看懂设计：现代家居产品设计案例解析3

Equilibric 节水平衡沥水篮

国　家：美国

设　计：Ann & Tim

品　牌：Equilibric

时　间：2019 年

材　质：PP

尺　寸：240mm×230mm×115mm　顶部直径 200mm

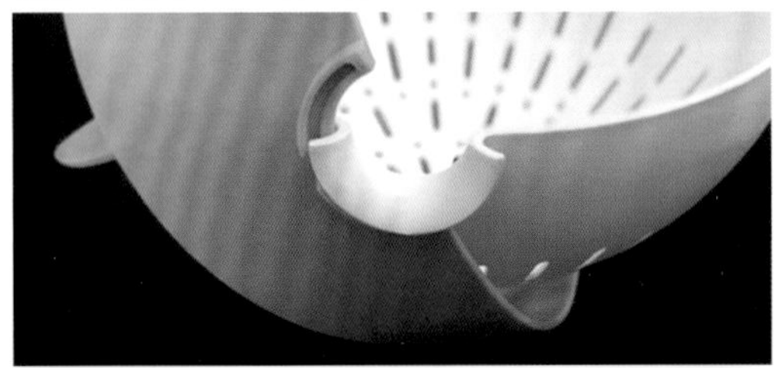

这是一款同时具备食材洗涤、沥水及食材盛器功能的厨房用具。对于蔬菜瓜果的清洁这类行为来讲，在场景中我们一般会需要这样几件产品来配合：洗涤行为的盛器、沥水行为的滤器以及洗净后最终的摆盘盛器。显而易见的问题是用具的数量偏多，以及洗涤行为时水的过度使用。这款产品的设计定位是把多种用器和多重行为整合起来，于一件产品中实现，并同时考虑到了节水的环保要求。

在造型表现上，这款用器延续了碗形盛器的基本形态，材料上使用的是针对卫生健康考虑的聚丙烯（PP）。设计比重在结构元素上做了提升，把盛器和滤器在结构上做了整合，洗涤和沥水行为可以在整合的单一构件中依序完成。用器中类似于轴转结构的设计，使得盛器可以在不脱离滤器的情况下进行角度翻转，从而打开沥水空间，以利于水从滤器底部更好地沥出；也解决了常规盛器利用口沿倒水时，盛器角度翻转过大导致食材不慎掉落出盛器的问题。在清洗和沥水行为完成后，这款用器还能直接作为食材的摆盘盛器使用。

对于造型与功能的结合，产品也有一个细节，体现在产品的单把手构件上。这个构件根据使用行为的变化，其功能也随之变化。当需要沥水时，把手自然就是握持使用的构件，但产品成为盛器时，把手又成为盛器承载架构的一部分。毫无疑问，在产品的尺寸设计与结构设计上，这些细节都有考虑。同时，造型和配色富有家居亲和力。功能表现与装饰性达到了符合目标要求的设计平衡。

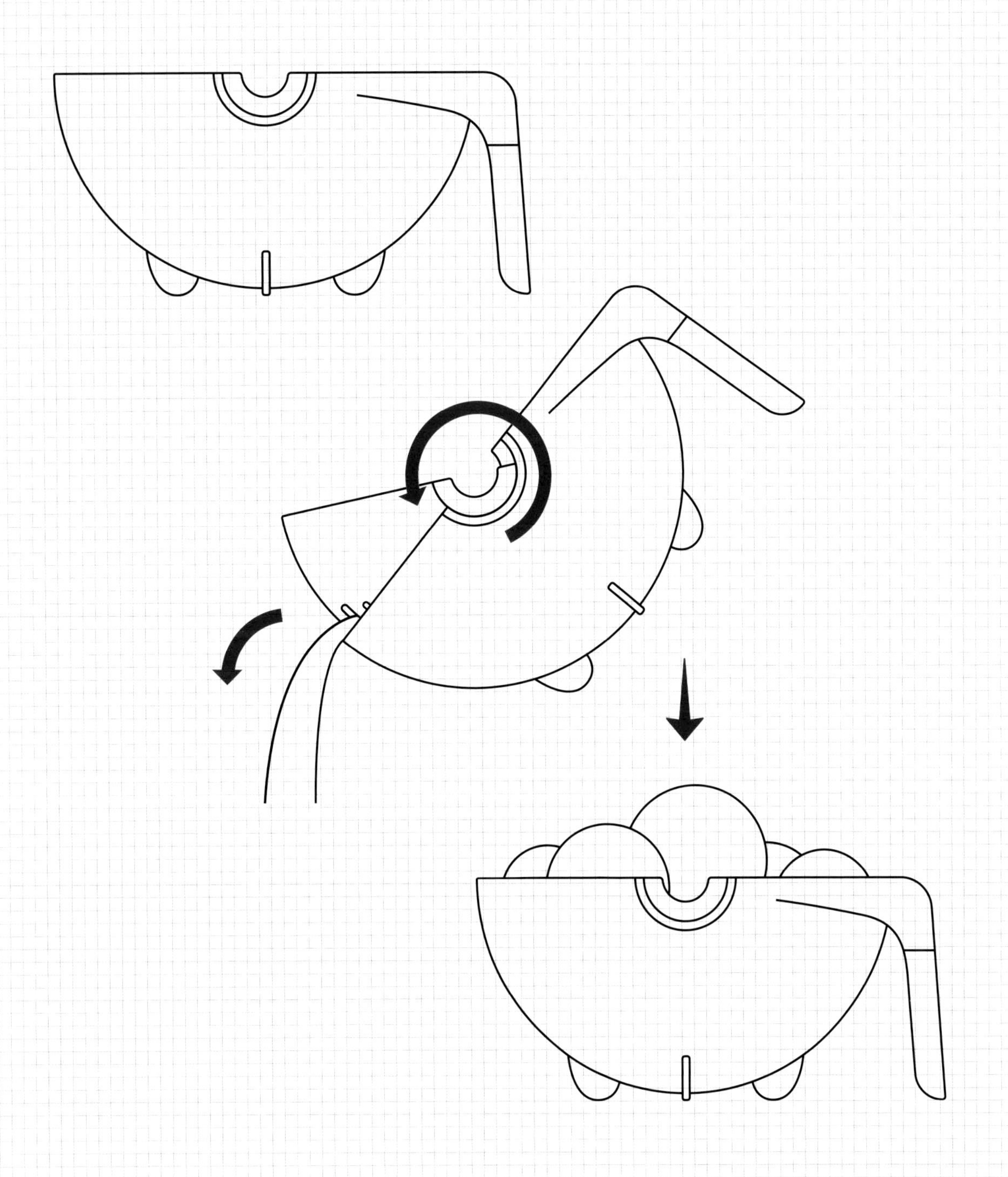

Equilibric 节水平衡沥水篮

看懂设计：现代家居产品设计案例解析 4

Joseph Joseph Nest™ 9 Plus 厨房组合套碗 9 件套

国　家：英国
设　计：Morph
品　牌：Joseph Joseph
时　间：2012 年
材　质：PP、不锈钢
容　量：大搅拌碗 4.5L　筛子 1.65L　小搅拌碗 0.5L
　　　　15ml 量杯　60ml 量杯　85ml 量杯　125ml 量杯　250ml 量杯

这是一款厨房用具套装，共九件器具。尺寸从小到大排列，分别是五个不同规格的量杯、一个小型搅拌碗、一个滤网、一个沥水碗以及一个大型搅拌碗。设计的意图在于利用尺寸和结构的考虑，对多种用具进行收纳的整合，以节省空间；同时，在产品色彩元素的设计考虑中，颜色对比度相对较高，具备清晰的辨识度，可以提高集中整合收纳的各种用具被选择使用时的准确率，减少误操作行为。

产品九件套本身的形态元素因为考虑到收纳整合的关系，所以基本形态架构是接近的。色彩上从内到外，从小到大，从暖色倾向往冷色倾向做层级变化，在增加了各用器辨识度的同时，也让收纳完成后的整合体在视觉表现上更为协调，去除了厨房器具原本冰冷生硬的视觉形象，增加了亲和力，让使用者在使用器具时能够产生愉悦的心情，改善产品的使用体验。同时，尺寸的设计也是一个重点，既考虑各器具的收纳整合，又兼顾到每件器具独立使用时功能尺寸的合理，这是这套产品设计开发时的关键点。所以这套产品的设计比重更多地放到了色彩、尺寸和结构的设计元素中。

可见，器具类产品的设计可以在保证基本使用功能的同时，增加视觉表现上的设计考虑。作为家居环境中的产品，它首先必然是一套器具，在具备器具基本功能的同时，也可以通过其他设计元素增强装饰性效果，成为家居环境中的一景。

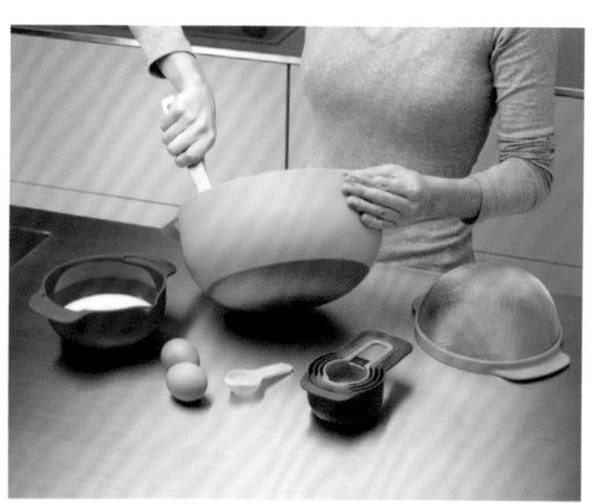

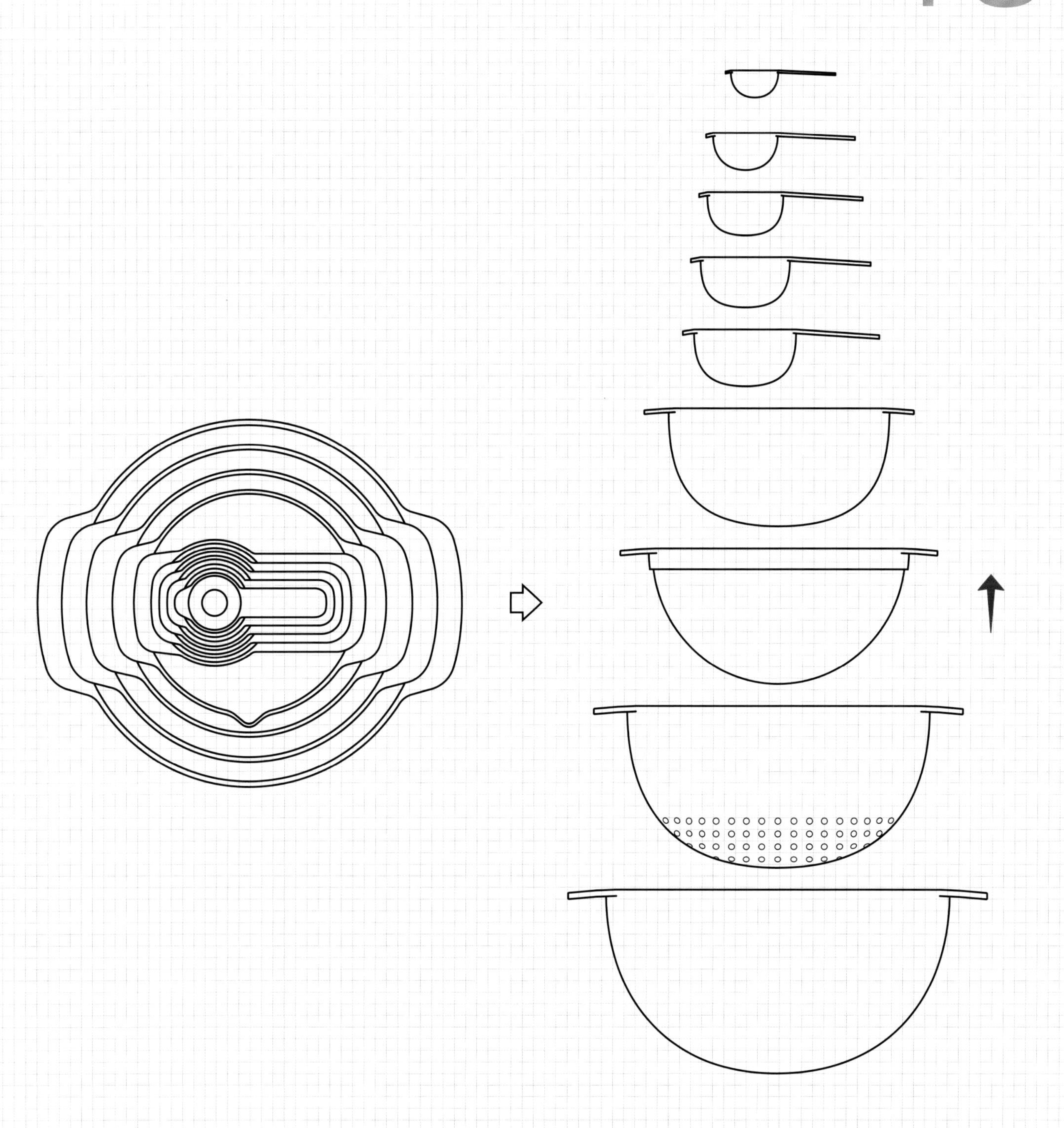

Joseph Joseph Nest™ 9 Plus 厨房组合套碗 9 件套

看懂设计：现代家居产品设计案例解析5

Joseph Joseph Rinse&Chop™ Plus 折叠砧板

国　家：英国

设　计：Joseph Joseph

品　牌：Joseph Joseph

时　间：2013 年

材　质：PP

尺　寸：425mm × 265mm × 60mm

这是一款带滤网功能的可折叠砧板，它利用了“折纸”的结构形式，在不同使用目标下可做针对功能需求表达的造型变化。只作为标准砧板使用时，砧板造型是摊开呈平板状的，构成砧板最大面积，配合刀具进行例如蔬菜类食材的加工制作；而作为盛器和滤器来使用时，砧板通过折线结构进行形变以及利用局部单体构件的插接固定，变化成半开放盛器的形态，进行清洗、沥水以及倾倒的功能使用。

产品的设计卖点在于通过材料与结构的设计，对于切菜、清洗、沥水等行为需求进行了功能上的整合，在一件器具上做到了多种器具交替使用才能完成的工作。

从行为的研究角度来讲，厨房里的行为是连贯的，例如洗菜、沥水、切菜、煮菜，而这些行为需要用到的器具会有很多，在挑选、使用、整理器具时会对行为的效率产生影响，所以，多种器具如果能整合为一个单体，那就能提高行为的效率，减少行为的时间，并且能够保持行为的连贯性，使用户在整个厨房行为的体验中得到优质的感受。这件可折叠带滤网功能的砧板就达到了这个要求。单从器具的个体使用表现上来讲，整合类产品未必就能做到个体单项功能的最优，但在具备基本功能的基础上，强调“帮助使用者减少多器具产品的使用与整理”这一产品特征，是设计的核心命题。显而易见，这件产品的设计定位就是冲着这个目标去的。

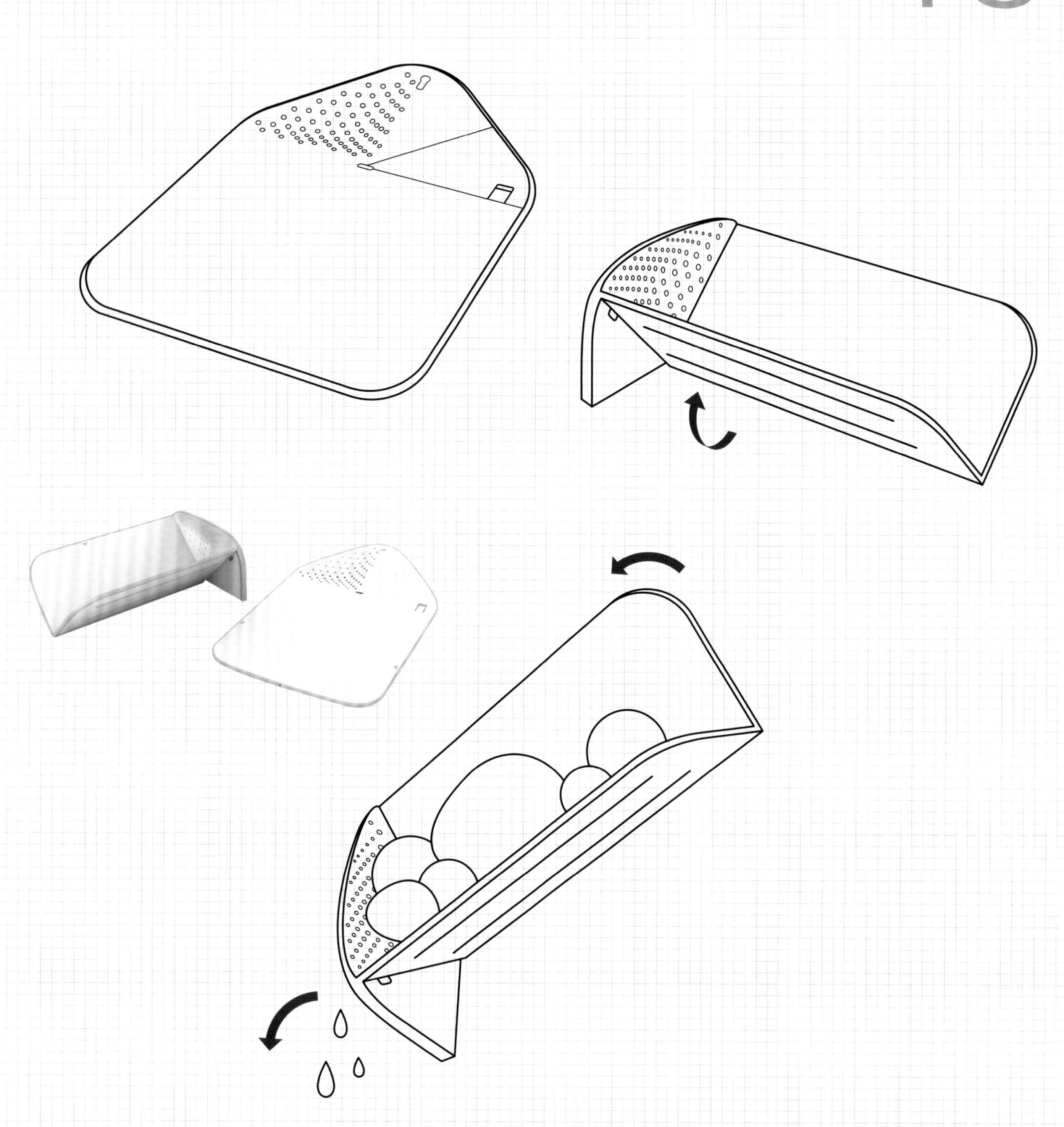

Joseph Joseph Rinse&Chop™ Plus 折叠砧板

看懂设计：现代家居产品设计案例解析 6

JUHEwuse Lantern Light 灯笼灯

国　家：中国

设　计：贺莉

品　牌：JUHEwuse

时　间：2019 年

材　质：PU、PC、铜

尺　寸：90mm × 280mm（不含把手）

展开后最大直径 160mm

这是一款可以移动携带的灯具设计。在室内空间的家居环境中，灯具作为照明设备一般都以固定位置的形式存在，以此衍生出客厅的落地灯、书房的写字台灯、卧室的床头灯、餐厅及客厅的吊顶灯或吸顶灯之类的众多固定场景灯具。而可移动携带的灯具设计是建立在特定行为基础上的灯具功能形式的延伸。

17

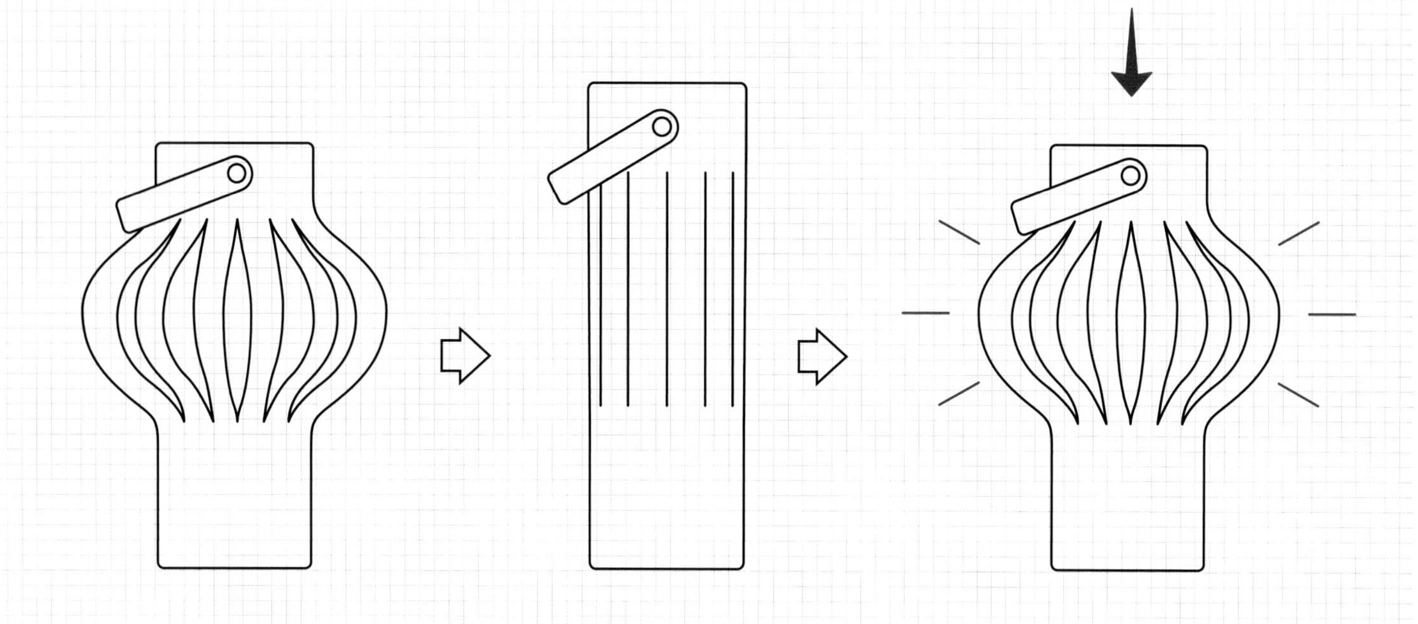

设想一类产品使用情景，例如床头灯使用的场景中，既包含使用者在睡觉休息前阅读行为的需要，同时也保证了卧室照明的基础需求。但普通的床头灯光源面积有限，只能作为局部照明的功能表现，若要大面积环境照明，还需要卧室内吊顶灯或吸顶灯的照明配合。当使用者在半夜里出现起夜的行为时，只开床头灯，光源不足以照射到卧室与相邻卫生间之间的空间距离，而开吊顶灯或吸顶灯，又会出现光照面积过大、光源强度过亮、影响休息气氛和打扰到家人睡眠的问题。这类灯具的设计立意点在于，以光源可移动作为设计主题，把固定位置摆放与特定位置移动的功能整合起来，在不同行为下进行转化，既能满足床头灯的基础照明使用要求，又能满足出现起夜这类行为时的移动照明需求。空间到空间的照明不再只是光源面积上的放大，而是光源位置上的转移。在这一设计概念的驱动下，灯具的种类性质都可以不再是固定的了，这款灯就可以在床头灯、手提灯、壁灯三种灯具性质间按需转换。

基于可移动照明这个设计主题，灯具的造型设计考虑了灯笼的形态语义，整体造型特征就是一个灯笼的表现。与灯笼需要被挂载的使用习惯相同，灯具顶部增加了挂环的设计，除了可以让此款灯具能够实现被挂载到墙体上这个功能以外，还能满足使用者在移动灯具时手部提握以及手臂挂载的行为需求。

以上只是针对这款灯具做了一个场景的情景使用分析。因为有充电蓄电的功能设计，这款灯具的实际可应用场景除了室内环境的家居场景，还可以覆盖到室外环境的露营等场景，使得这款灯具的消费市场方向更为多样化。

JUHEwuse Lantern Light 灯笼灯

看懂设计：现代家居产品设计案例解析 7

BALMUDA The Light 太阳光无影台灯

国　家：日本
设　计：BALMUDA
品　牌：BALMUDA
时　间：2018 年
材　质：树脂
尺　寸：264mm × 191mm × 463mm

这是一款书写阅读台灯设计。对于台灯的分析，我们往往会从光源需求和光源表现展开。台灯大部分时间出现在工作、学习、阅读的行为场景中，有别于家居空间中其他灯具还承担环境照明与气氛渲染的功能，使用者对于台灯在工作、学习、阅读场景中的需求仅是目标照明。台灯的光源表现则是基于桌面的平面空间，因为台灯照射下的光源面积与光源强度，直接关系到使用者进行工作、学习、阅读等行为时的专注程度与用眼健康。

灯具比较优秀的光源表现，可以让使用者在灯光光源对桌面工作面积中央集中度很高的照射表现下，忘记灯具这件产品的存在，将注意力更专注到他正在工作、学习、阅读的目标上。

这款台灯是可调光的LED台灯，在设计主题上，它联想到外科手术中使用的医用灯的技术，将光线以镜面反射的形式由一个角度向外投射，使台灯在不会被使用者眼睛直视的情况下发光。这就保证了使用者在工作、学习及阅读时不会受到光源影响，也避免了因为需要调整光源角度而移动台灯到合适的桌面位置，却又占据了桌面上工作、学习区域的问题。同时，这款灯具的底部结构被设计成了具有收纳功能的底座，使用者可以将部分文具存放在底座中。这意味着灯具的占地面积可以实现双重任务，并且可以让使用者在桌面上减少一个项目，从而减少混乱，这也是从另一个角度提升了使用者对于桌面主体的专注程度。

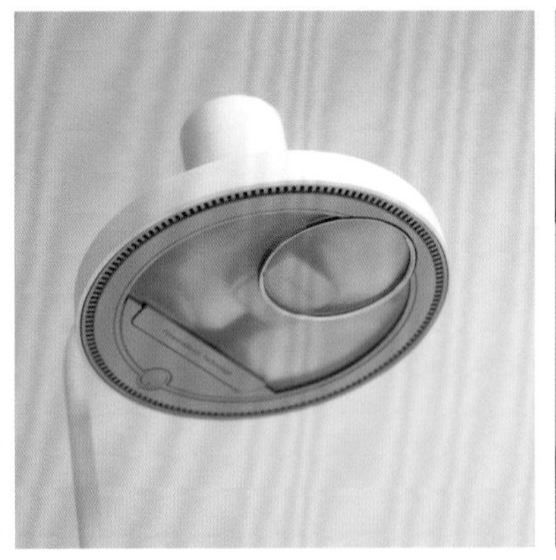

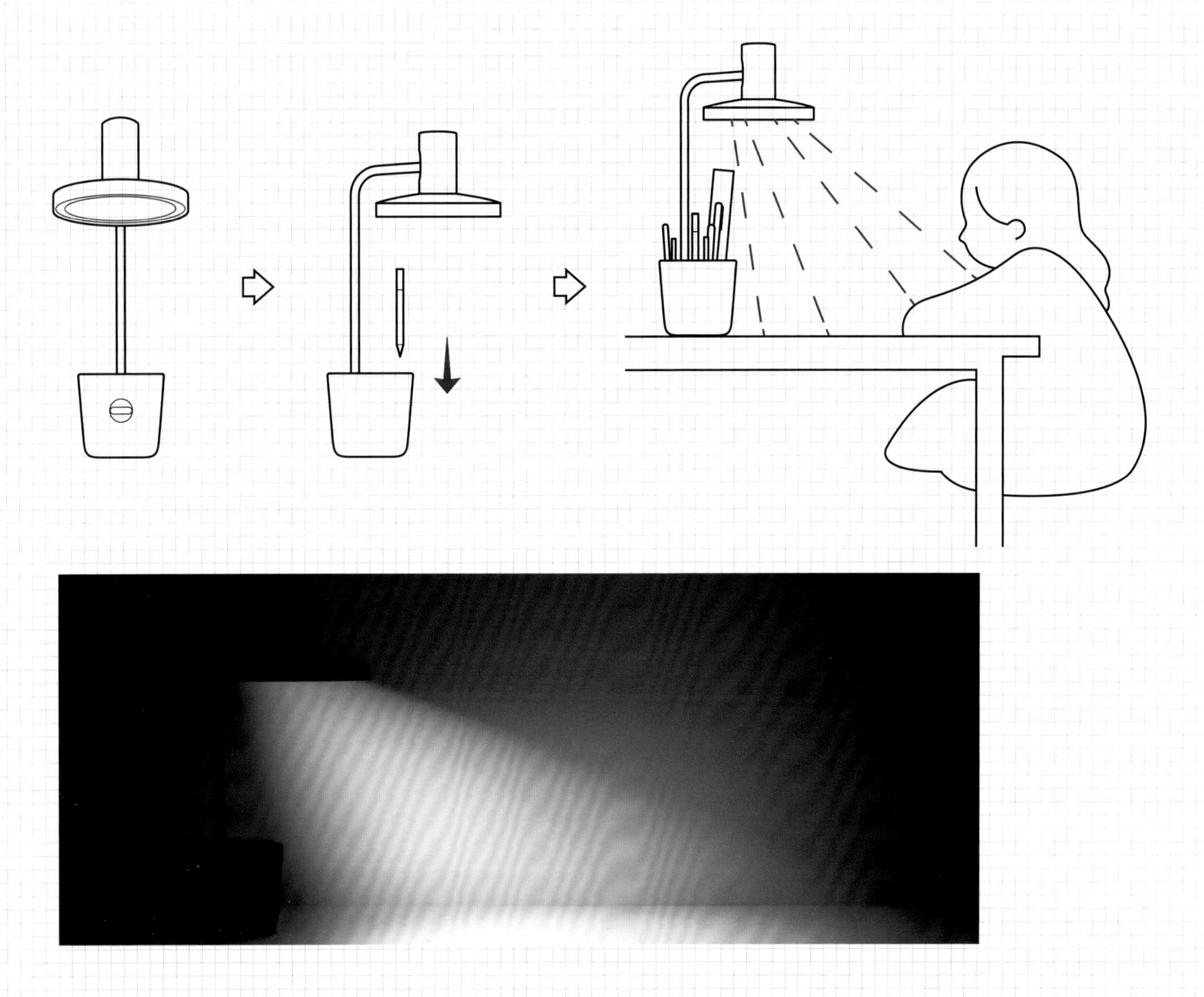

可以看到，无论是照明表现还是收纳行为，这款灯具都把设计重心放在了功能角度上。家居的装饰性效果并没有在这款灯具上做大量展现。以工具灯种的形态出现在场景中，是这件产品设计意图的最大表现。

看懂设计：现代家居产品设计案例解析 8

MIITO 带感应底座的电磁加热棒

国　家：德国

设　计：Nils Chudy & Jasmina Grase

品　牌：MIITO

时　间：2014 年

材　质：不锈钢、树脂

尺　寸：圆盘 45mm　杆 280mm

这是一款满足饮用水电加热功能需求的产品设计。有别于市场上常见的电热水壶，这款产品电加热水的功能表现不是出现在基于电加热底座的水壶中，而是抛弃了水壶的形态，取而代之的是加热棒。这件产品设计对于用户使用痛点的探索在于：当用户只需要喝一杯热茶的情景出现时，加热一整壶水的行为是浪费了能量、水和时间，需要有一种产品可以解决这个问题。先不说这个理念是否真的能够代表大多数人的想法，但是这个加热棒的设计，在使用者特定需求的行为表现中是存在合理性的。

使用方式上，这一设计是把盛有水的杯器或壶具直接置放于底座上，再把加热棒垂直置放于杯器或壶具底部，加热工作即展开。同时，底座上还有可以控制温度的触摸开关。

造型上，设计没有繁复的成分，只是以功能和结构需求为前提，进行了底座和加热棒的分体设计。视觉层面的表现是把产品的造型特征以点、线、面的形式呈现。加热棒的长度和管径数据与底座的高度和厚度数据尺寸比，相对比较协调，以尺寸数据的合理设计产生造型比例的美感，放在家居空间中确实会比常规电热水壶的形态显得更为新鲜。再配合色彩元素及材料元素的设计考虑，黑白灰的配合，树脂、不锈钢金属及玻璃材质的软硬特质对比，也增强了视觉层面的表现性。

虽然产品的使用方式还需进一步验证，用户的使用习惯也需要一定时间培养，但无论是在功能表现形式，还是造型表现形态上，这件设计的创意与同类产品对比都是明显的。

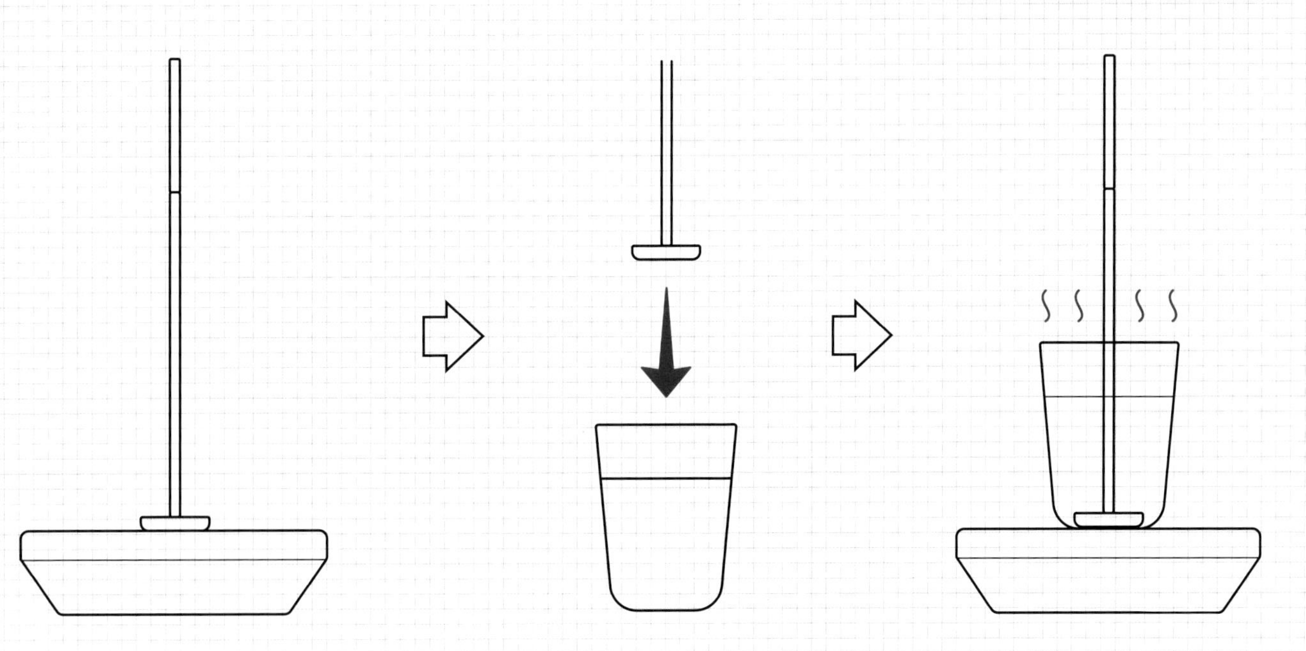

MIITO 带感应底座的电磁加热棒

看懂设计：现代家居产品设计案例解析 9

ALESSI 9093 鸟鸣水壶

国　家：意大利
设　计：Michael Graves
品　牌：ALESSI
时　间：1985 年
材　质：不锈钢、热塑性树脂
尺　寸：直径 220mm　高 225mm
容　量：2L

这是一款阿莱西的经典水壶设计，上市于1985年，至今依旧在销售。它是一件典型的把功能和造型结合得相对完好的设计作品。这款产品的设计在造型表达与功能表现上都有卖点。首先，形态上，造型整体非常平衡，同时，圆形元素在各个构件上的造型提炼也相当严谨。在产品的造型尺寸以及材料设计中，近1/3圆形轨迹尺寸的弧形提环握把配合以热塑性树脂材质，让整个水壶为使用者在利用手部进行握、提、倒等一系列动作时带来人体工程学上的安全与便利。锥形壶身底部大开面，在保证置放稳定的同时，也能增加与热源的接触面积，提高烧水的效率。

最具代表性的造型特征在于壶嘴上的小鸟造型构件。立在壶嘴上的小鸟可以保护使用者不受沸水的伤害。当壶里的水烧开时，藏在翅膀里的橡胶口哨会因为水汽的推动发出声音，就像小鸟在唱歌，平添了一份生趣。在家居空间的场景应用中，这个构件细节在造型与声音的表现中降低了水壶的工具感，取而代之的是更具亲和力的生活气息，使产品与家居的气氛更为融洽，更加自然。

23

ALESSI 9093 鸟鸣水壶

看懂设计：现代家居产品设计案例解析 10

AXOR Starck V 140 面盆龙头

国　家：德国

设　计：Philippe Starck

品　牌：Hansgrohe-Axor

时　间：2014 年

材　质：金属、玻璃

尺　寸：171mm × 47mm × 216mm

这款卫浴面盆龙头的设计卖点，首先体现在其透明外观，龙头出水部位的材质选用了水晶玻璃（另有喷砂玻璃版本），配合以龙头开放式引水坡面的造型，可以让使用者在打开龙头时清楚地看到水流的形态，这种视觉形态上的表现突出了产品的设计感。其次，有别于常见的面盆龙头产品以龙头为主的造型表现，这款龙头的设计放大了水的视觉形态，让动态影像（水流）的视觉性代替静态影像（龙头）的视觉性来激起消费者的兴趣。特别是通过出水结构的设计，在打开龙头引水时，水流以呈漩涡运动形态呈现，视觉层面的装饰性效果非常明显。

同时，以玻璃材质制作龙头引水主体，除了能增强视觉表现以外，对于卫浴空间内器具的抗污及清洁打理也具备很大的优势。使用者在对产品进行清洁打理时，将会获得良好舒适的体验。

综上所述，这件面盆龙头产品在形态元素、材质元素、结构元素上的综合表达做到了功能和造型的协调统一。此外，又因为对水流形态的视觉放大，这件产品得以在同质化现象严重的卫浴面盆龙头市场跳脱出来，别具一格。

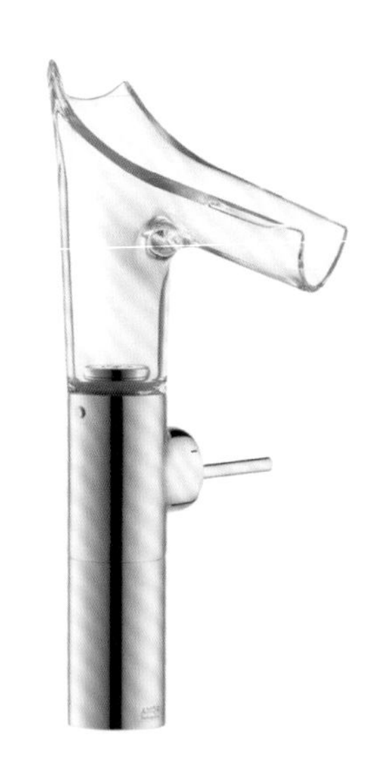

25

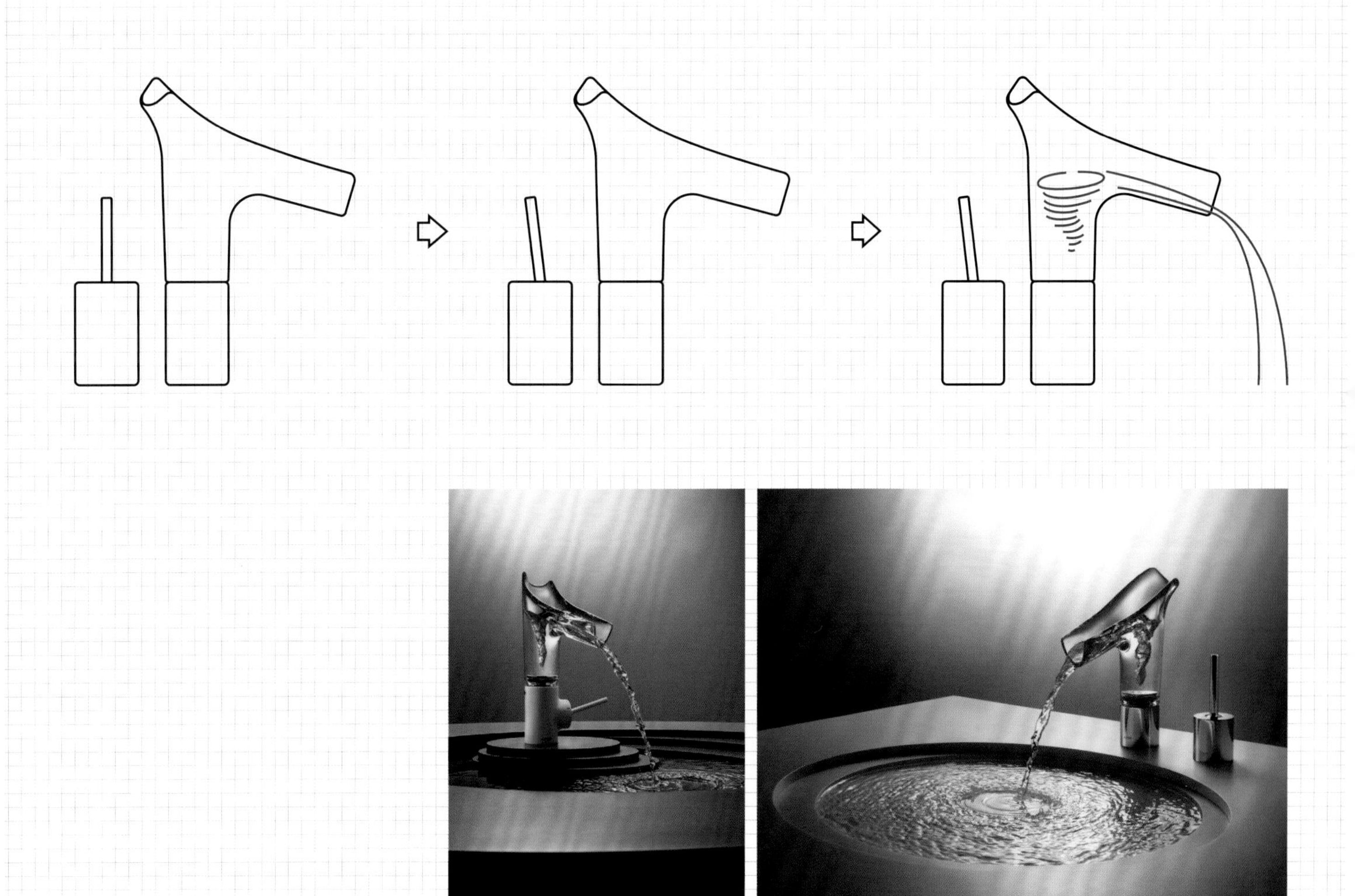

AXOR Starck V 140 面盆龙头

看懂设计：现代家居产品设计案例解析 11

QUALY Flip Cap Four Seasons Spice Shakers 调味罐组合

国　家：泰国
设　计：Khun Thirachai Suphametikulwat
品　牌：QUALY
时　间：不详
材　质：PP
尺　寸：圆直径 50mm　高 70mm
重　量：0.31kg

这组调味罐的设计卖点在于形态语义上的自然表达，共有四款成一套系，每款调味罐中各有一种植物造型的结构件，结合调料的形态特质，即会形成瓶中的微观自然场景。

例如其中一款罐中所设造型为松柏类的树种，当调味罐中灌入盐、糖，或味精之类的白色晶体调料后，就会与松柏树种造型结合成一处冬季雪景；而另一款罐中所设造型为珊瑚，灌入豆类食品调料后，会与之形成海底礁石沙滩之类的视觉延伸形态；仙人掌这款更为有趣，以仙人掌造型作为罐中视觉主体，配以近似于沙子之类颜色与质感的调料后，即会形成沙漠意境。这样的设计考虑在视觉表现上体现了家居场景中情感设计的趣味性，使调料不再只是厨房中烹饪料理所需要的用料，而是结合器具形成厨房空间中的装饰物。

同时，因为有造型影像上的视觉特征，调料本身也变得容易被识别，在没有文字标签的情况下，也使得不同调料间的区别能够被容易辨识到，降低了烹饪时拿取目标调味罐的误操作率，提高了厨房行为的效率，使这组调味罐成为一套既好看又好用的器具。

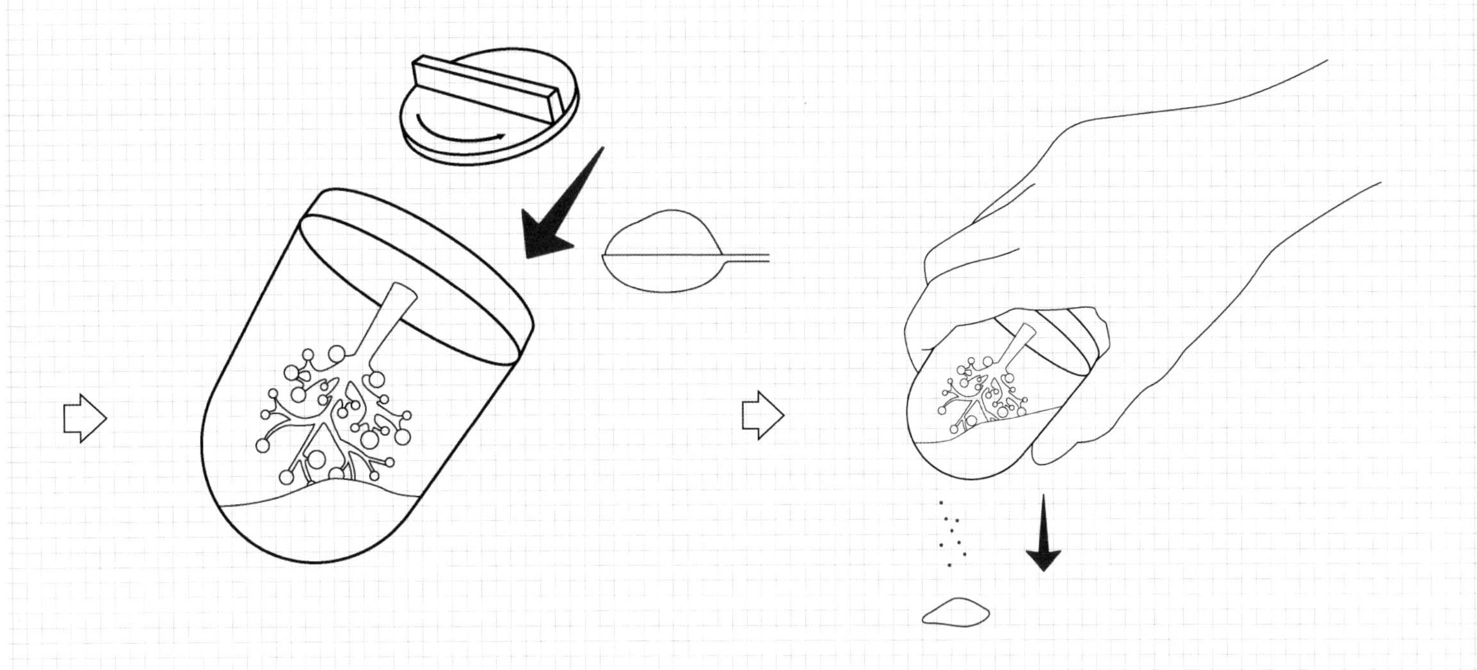

QUALY Flip Cap Four Seasons Spice Shakers
调味罐组合

看懂设计：现代家居产品设计案例解析 12

Geelli VIOOD 带坐具功能的脏衣篓

国　家：意大利
设　计：Monica Graffeo
品　牌：Geelli
时　间：不详
材　质：布料、铁、PU
尺　寸：370mm × 370mm × 500mm

这是一款脏衣篓与凳子的整合设计。家居环境因为特定场景空间面积的关系，有别于室外或室内其他商业公共环境，对于其有限空间的合理利用一直是一个需要斟酌的事情。特别是当空间内各种置物越来越多时，产品本身的功能整合将会显得比较重要。

例如脏衣篓这样的产品，在大部分家庭里大概率会出现在卫浴空间中，因为卫浴空间里直接出现了需要在洗漱、沐浴时换洗的毛巾、衣服等物品。结合使用者的行为习惯考虑分析，可以发现，等待换洗的毛巾、衣服都需要一处集中收纳的空间，而一个桶状带较深空间的收纳篓，可以让使用者把脏衣物以非常自然的身形动作置入其内。同时，脏衣篓顶部的盖体除了是一个脏衣物收纳容器的遮盖以外，还是一个柔软的聚氨酯座面。当使用者需要一个短时间内简单的坐姿行为时，这款脏衣篓因为结合了凳子座面的整合设计，就可以为使用者提供坐的行为可行性。

考虑到脏衣篓支撑杆构件的尺寸数据，其承载性可能相对有限，所以，这款脏衣篓虽然提供了坐的行为可行性，但设计出发点应该只是提供临时性的短时休息而已。如果要坐得安稳舒适，还是需要使用者去使用设计目标直接针对坐、卧、躺、靠行为的标准坐具。

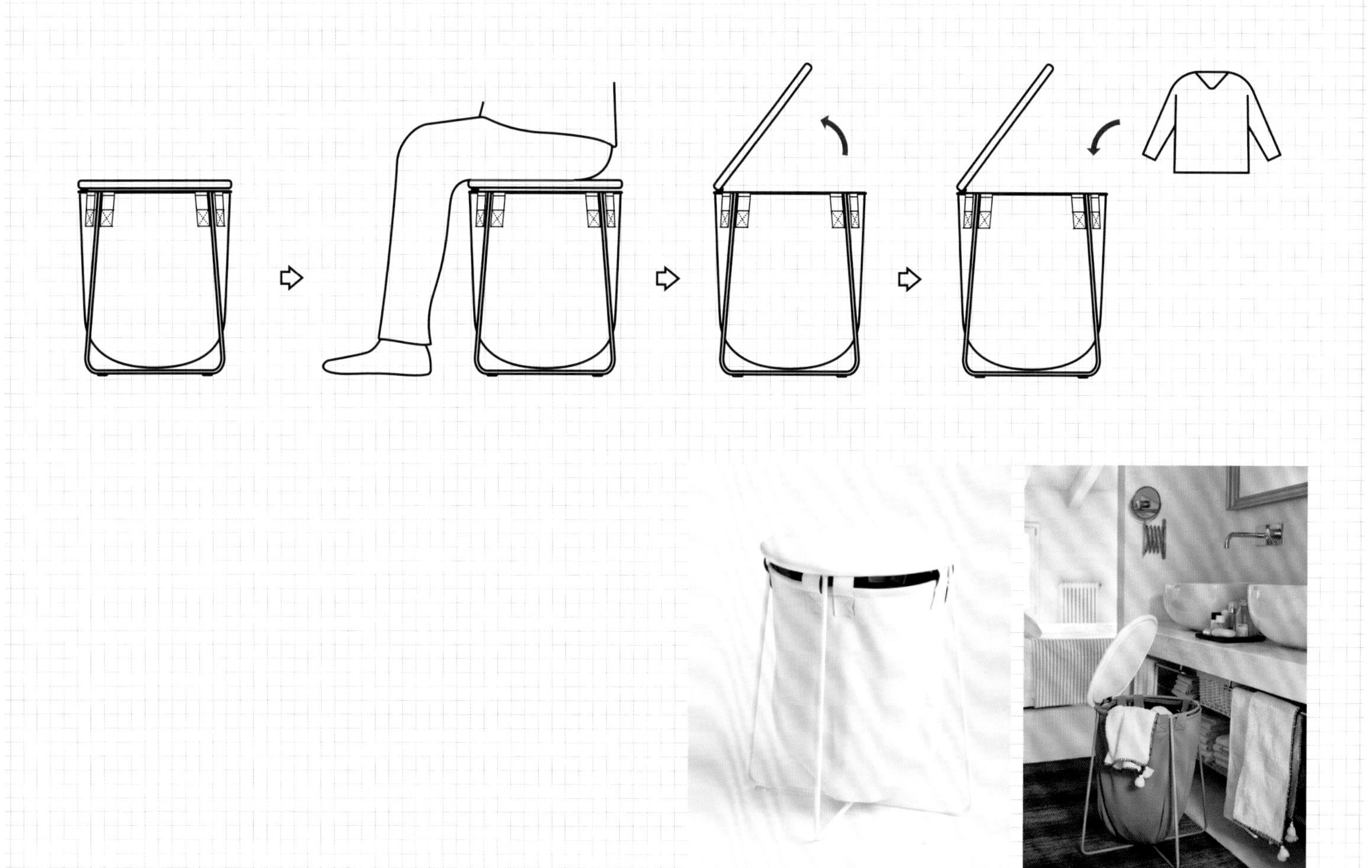

Geelli VIOOD 带坐具功能的脏衣篓

看懂设计：现代家居产品设计案例解析 13

VIBIA North 落地灯

国　家：西班牙
设　计：Arik Levy
品　牌：VIBIA
时　间：2017 年
材　质：碳纤维
尺　寸：悬臂长度 1900mm

这是一款单臂杆悬绳挂载形态的灯具，整体由碳纤维杆、悬挂灯体以及配重底座组成。该灯可以安装在墙壁、天花板或移动的重型底座上，允许多个臂杆以不同的角度组合在一起，用以在需要的时候提供合适位置的照明效果。

造型是这款灯具最大的卖点，其充分运用了点、线、面与简单几何形体的造型语言。悬挂点至灯杆的位置也设计得非常巧妙，通过合理的尺寸数据安排使之重心得以平衡，在合适的位置设置悬挂角度，使其产生设计可控的高度尺寸，并以此得到光源角度与高度的调节可行性。挂载结构中的两条悬挂线材的管径尺寸也恰到好处，在保持承载稳定性的同时，使竖线线条形态在家居环境中产生空间视觉隐藏的态势，给人以视觉上的趣味感，增加了家居环境的装饰表现。灯体与配重底座在造型上有呼应，都是呈锥形形态表达，比例协调，不会让人觉得突兀。整体表现结构稳定且具有形式表现特征，是一款以造型元素表达为主的具有设计美感的灯具。

31

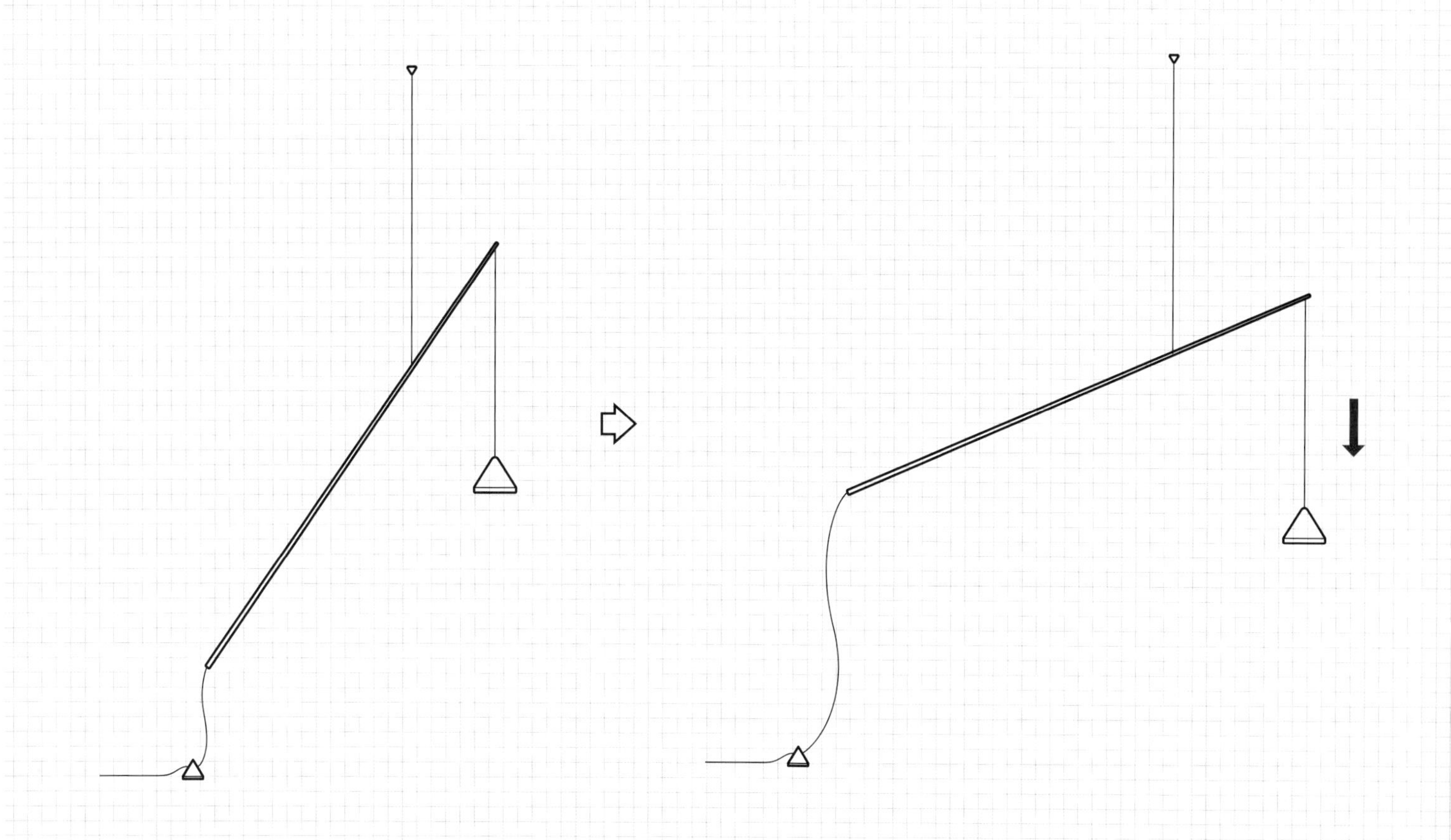

VIBIA North 落地灯

看懂设计：现代家居产品设计案例解析 14

Lumio Book Lamp 书灯

国　家：美国
设　计：Max Gunawan
品　牌：Lumio
时　间：2013 年
材　质：木质（胡桃木、枫木）、高密度 PE 合成纸、钕铁硼磁铁
尺　寸：220mm × 180mm × 30mm

这款LED灯的“书皮”采用木材制成，具有极佳的硬度，很好地保护了里面的折叠灯罩和灯泡，并且“书皮”内还嵌入了工业级吸力的钕磁铁，方便人们将它吸附在任何磁性物品的表面。使用时，人们只需将它像书本一样翻开，之后它内置的LED灯便会自动发出亮光。这款LED灯能够发出500流明，相当于一个40W白炽灯泡的亮度。内置的锂电池在满电状况下，能够支持8个小时的照明时间。因此，用户几乎可以将它移动到任何地方使用，不再受到电源线的干扰。

形态语义的表达是这款灯具设计的重点。造型的特征主体是书的形态，功能应用方式结合对象的行为表现实现。书籍书页的“闭合”与“展开”对应的是灯具灯源的“关闭”与“打开”。这是一种在使用者操作行为习惯思维延续下自然而然的控制行为，不用参考说明书即能做出正确的使用方式。“书籍”造型的灯具打开后，能够平摊在桌面上形成稳定的摆样形态，更可以把“书籍”翻开至近360度的角度，通过“书皮”的承载架构稳定支撑在桌面上，形成更大面积与更大角度的灯具使用形式。

产品在动态展开过程中，光的变化对应书籍开合形态的变化，同时产生光影光域面积的动态联系，而随之产生的用户与设计师在产品设计形态语义层面上的共鸣，是这款产品最有意思的设计亮点。

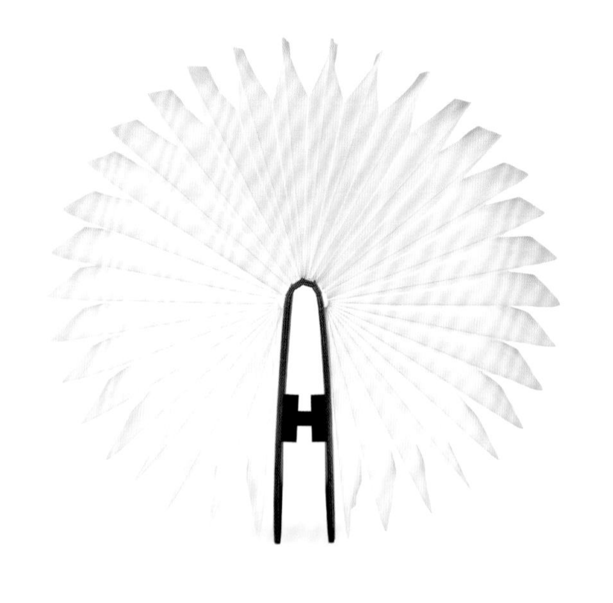

33

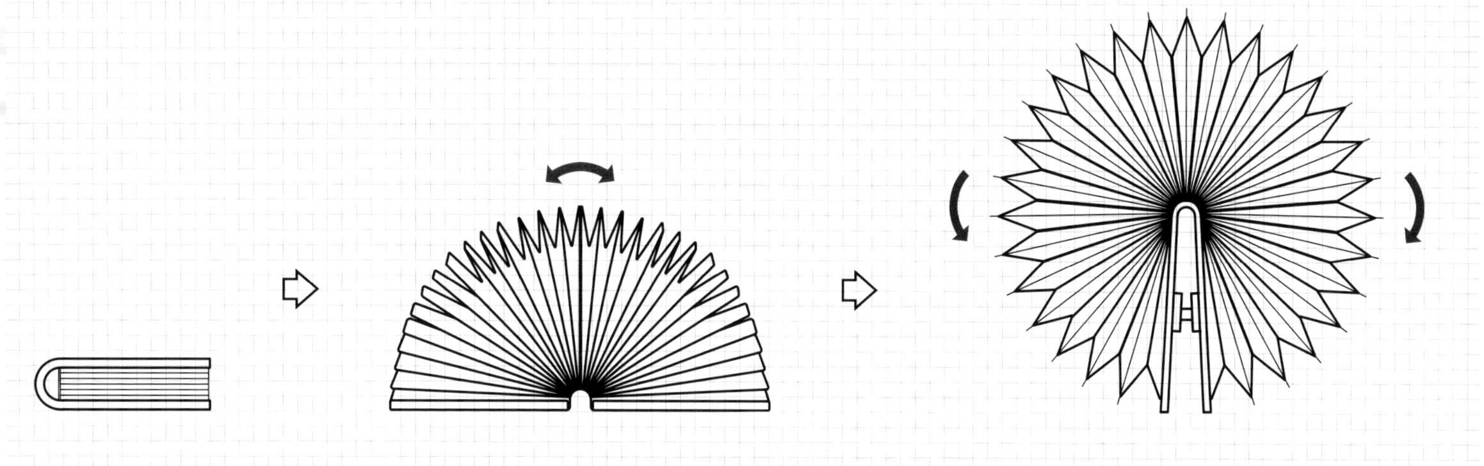

Lumio Book Lamp 书灯

看懂设计：现代家居产品设计案例解析 15

OTOTO Hippo Pitter 河马去核器

国　家：以色列
设　计：OTOTO
品　牌：OTOTO
时　间：2016 年
材　质：不锈钢、PP
尺　寸：90mm × 50mm × 120mm

这是一款主打樱桃类小型单体水果去核功能的厨房用具。它同样利用了形态语义表达的方式展开产品的造型设计工作——以河马这种动物的大嘴特征作为主要造型设计点，结合去核用具大开口的结构特征进行形态语义的转化。使用方式中，除了去核对象的固定位置摆放，实际去核操作只需单手完成。外壳壳体材质在肌理上考虑了提高摩擦系数的要求，保证操作时不易出现手滑而导致误操作行为，减少了安全隐患；而在水果接触面的肌理考虑的是光面，方便去核操作后水果汁水的清洁打理。

这款用具以动物造型特征出现在家居生活场景中，减少了用具使用时的枯燥感，增添了亲和力，在保证用具功能合理的基础上增加了用具的趣味性。这类设计需要注意拿捏提炼参照物对象造型的分寸，不能过于具象，找到造型特征加以形态轮廓化处理是设计的重点与难点。

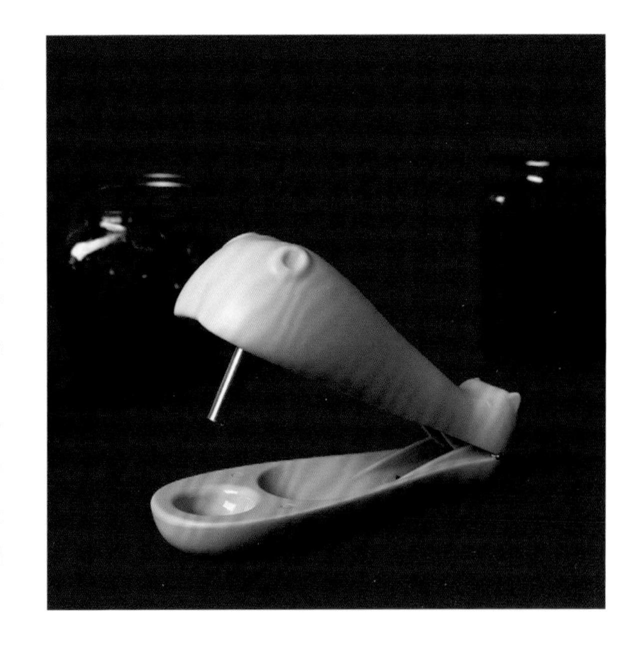

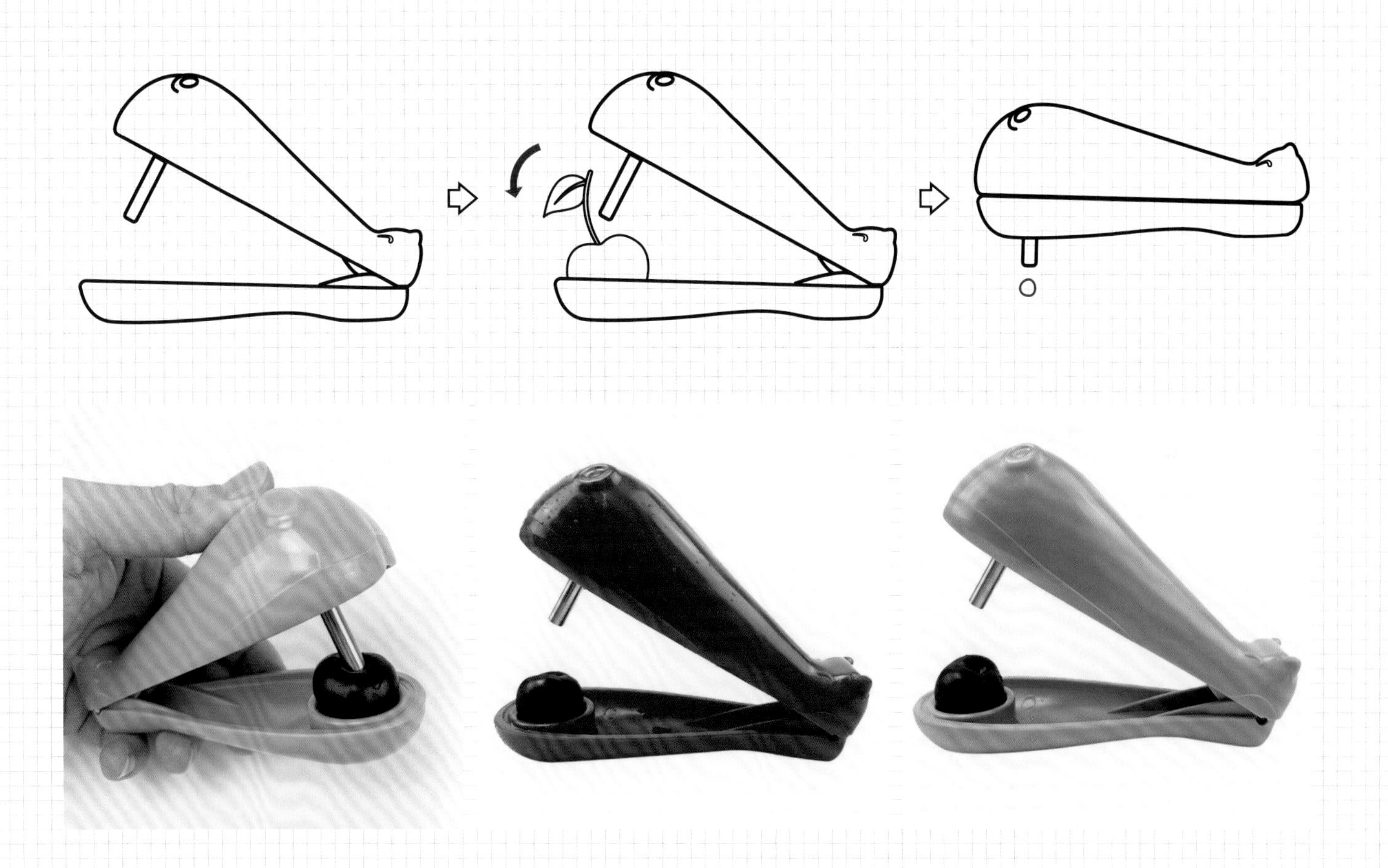

OTOTO Hippo Pitter 河马去核器

看懂设计：现代家居产品设计案例解析 16

OTOTO Swanky- The Floating Ladle 天鹅悬浮长柄勺

国　家：以色列
设　计：Dikla Libresco & Lior Rokah-Kor & Tali Deatsch
品　牌：OTOTO
时　间：2017 年
材　质：PA
尺　寸：65mm × 95mm × 275mm

这是一款天鹅造型的汤勺设计，显然也是应用了形态语义设计表达的造型设计。整体形态就是天鹅身体及头颈部的造型提炼。脖颈处曲线的细节在吻合了天鹅形态特征的同时，也能让汤勺形成勾载挂件的功能可行性。色彩元素上主推黑白两色，也是对应了天鹅这种水禽常见的颜色。勺身沿用了天鹅的身体造型，在进行了勺体空间的造型与尺寸设计后，使之可以漂浮在汤面上，进一步加强了造型语义的表达。尺寸的数据经过精细推敲，做到了重心的稳定，使勺体在桌面上摆放时也能保持平衡，形成视觉美感的同时也保证了汤勺的置放稳定性，在用户使用时提供足够的便利。

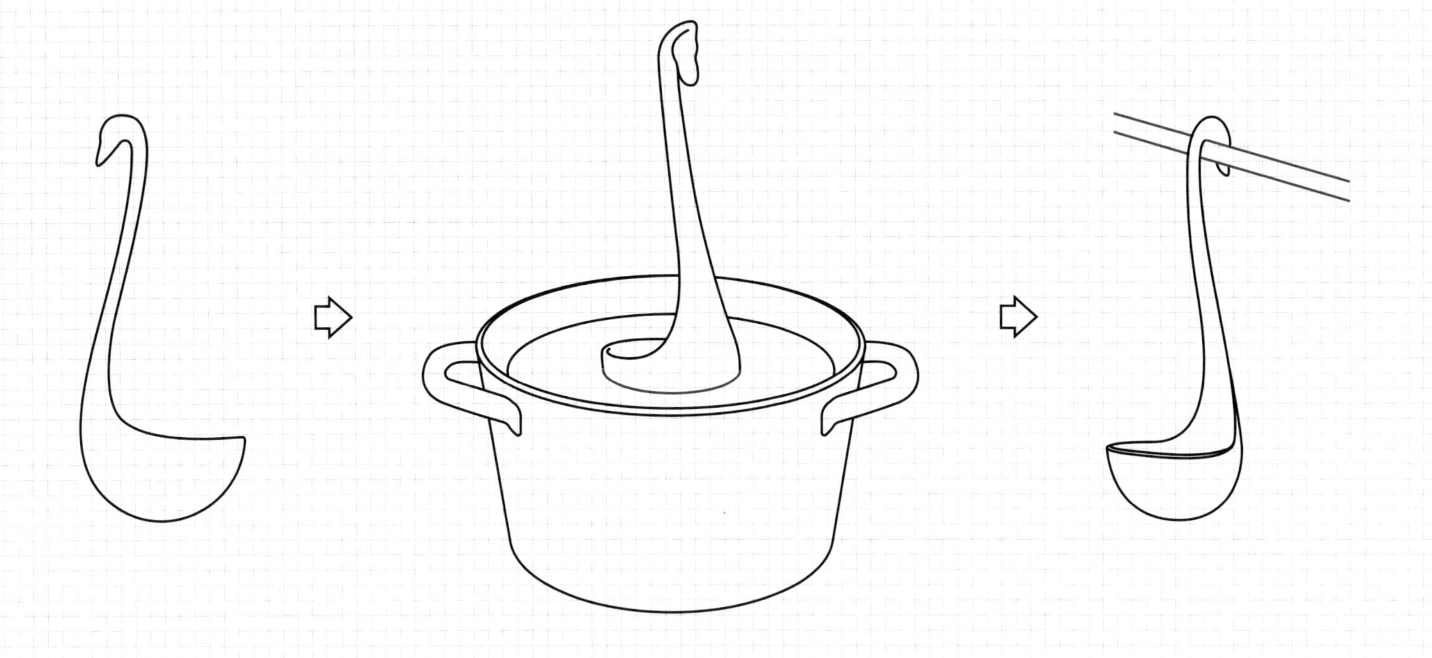

OTOTO Swanky- The Floating Ladle
天鹅悬浮长柄勺

看懂设计：现代家居产品设计案例解析 17

LÝSA | A wood LED lamp in two dimensions
二维木质 LED 台灯

国　家：法国
设　计：LÝSA
品　牌：LÝSA
时　间：2015 年
材　质：毛榉胶合板、钢
尺　寸：650mm × 410mm
　　　　木材厚度 30mm　底座直径 230mm

这是一款巧妙运用剪影造型进行视觉形态表达的灯具设计。在产品设计中，造型可以是立体的，同样也可以是以平面形式呈现的。这款产品就是利用了灯具侧视角度的剪影视觉进行造型提炼，在场景中以剪影平面构成的形式呈现视觉效果。光源为LED，利用了LED的贴片电路体积小的特性，使结构可以出现在灯罩造型更为扁平化的架构中。这款灯具的设计以纯粹的平构与立构表现作为重心，以视觉形态作为出发点；在具备照明功能的基础上，改变了常规灯具的固有立体形态，给予消费者新鲜感；置放在家居环境中，能够产生浓郁装饰意味的气氛。

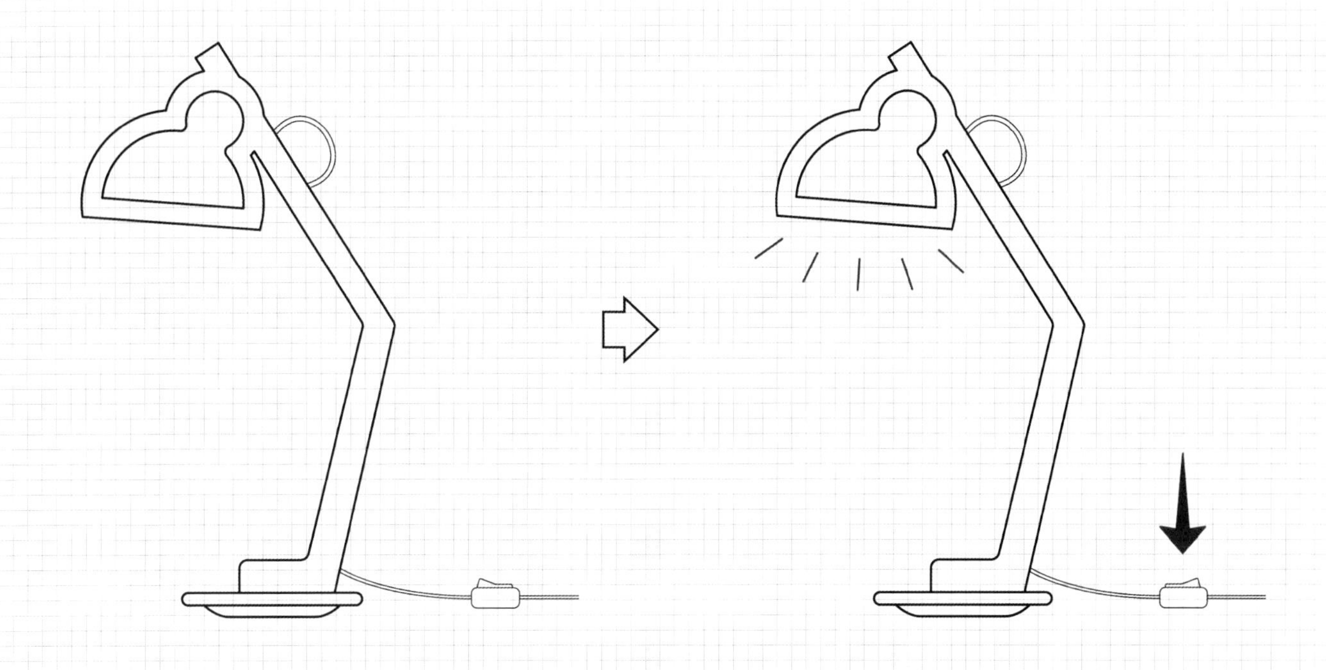

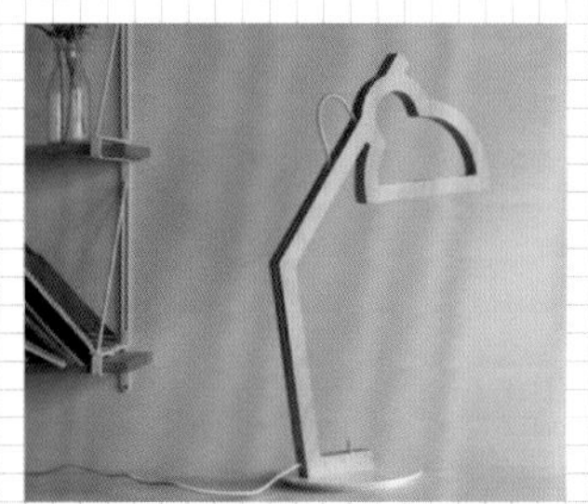

LÝSA | A wood LED lamp in two dimensions
二维木质 LED 台灯

看懂设计：现代家居产品设计案例解析 18

Heng Balance Lamp 平衡磁吸灯

国　家：中国
设　计：李赞文
品　牌：不详
时　间：2016 年
材　质：榉木、ABS 树脂
尺　寸：200mm×400mm　230mm×270mm

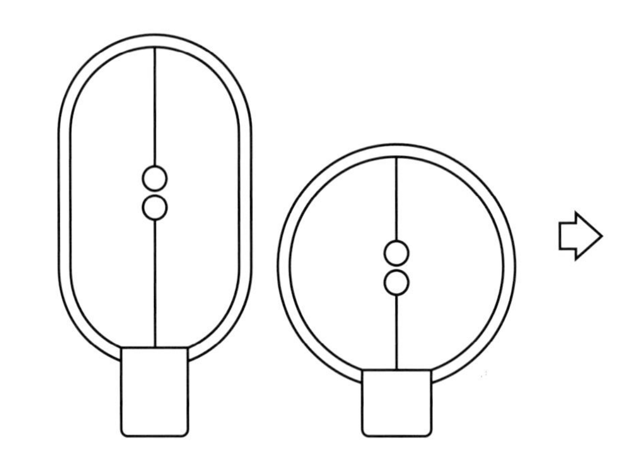

这款灯具的看点在于视觉层面上造型与结构的综合表达。结构上，产品主体中并没有直接出现灯体，其隐藏于造型轮廓框架内侧，点亮后呈光轨形式表现光源，同时漫反射至周边环境，使光源更具亲和力；造型上，产品视觉重心在于其造型框架中央的两颗球体构件，球体外壳为木质，内核嵌入磁铁，上下分为正负极，球体接近时能够彼此相吸，使下部球体可以从原本趴卧在底座平台上的状态，通过向上一提的简单动作，即会因为磁性而与上部球体产生吸附关系，呈垂直形态竖立在空中。这时，两颗球体达到平衡，产生视空间美感。

同时，球体相吸时能够触发灯具开关，形成电路通路，点亮灯具。这给予使用者更具趣味性的操作体验。与常规电路开关带明确指向性的操作相同，这款灯具的开关也同样具备辨识度非常高的操作指向性，操作结果的信息验证除了通过光源点亮来完成以外，更可以通过球体相吸时的细微的手部感受来得知。开灯与关灯的操作都会带来有趣味的体验。产品的操作方式带来的使用者行为表现除了要保证安全与效率以及避免误操作外，更为巧妙且有趣的操作设计会带来生理和心理双重的愉悦感受。在家居空间中，这类造型元素与结构元素充分考虑到行为方式的设计是值得深入研究与学习的。

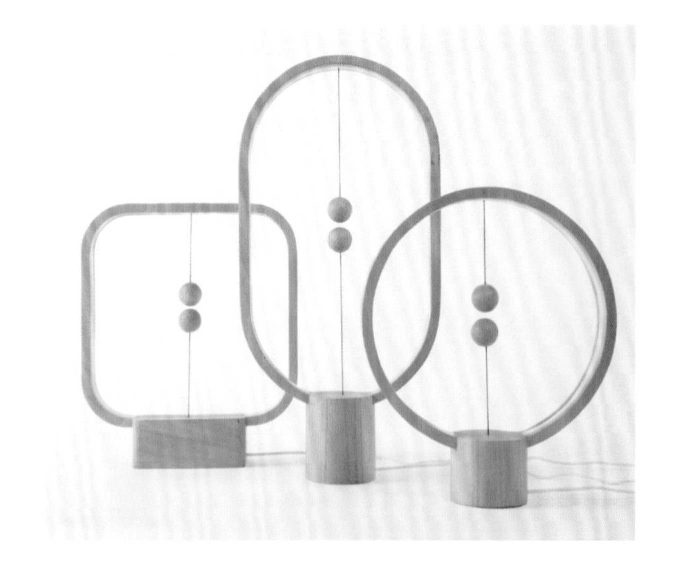

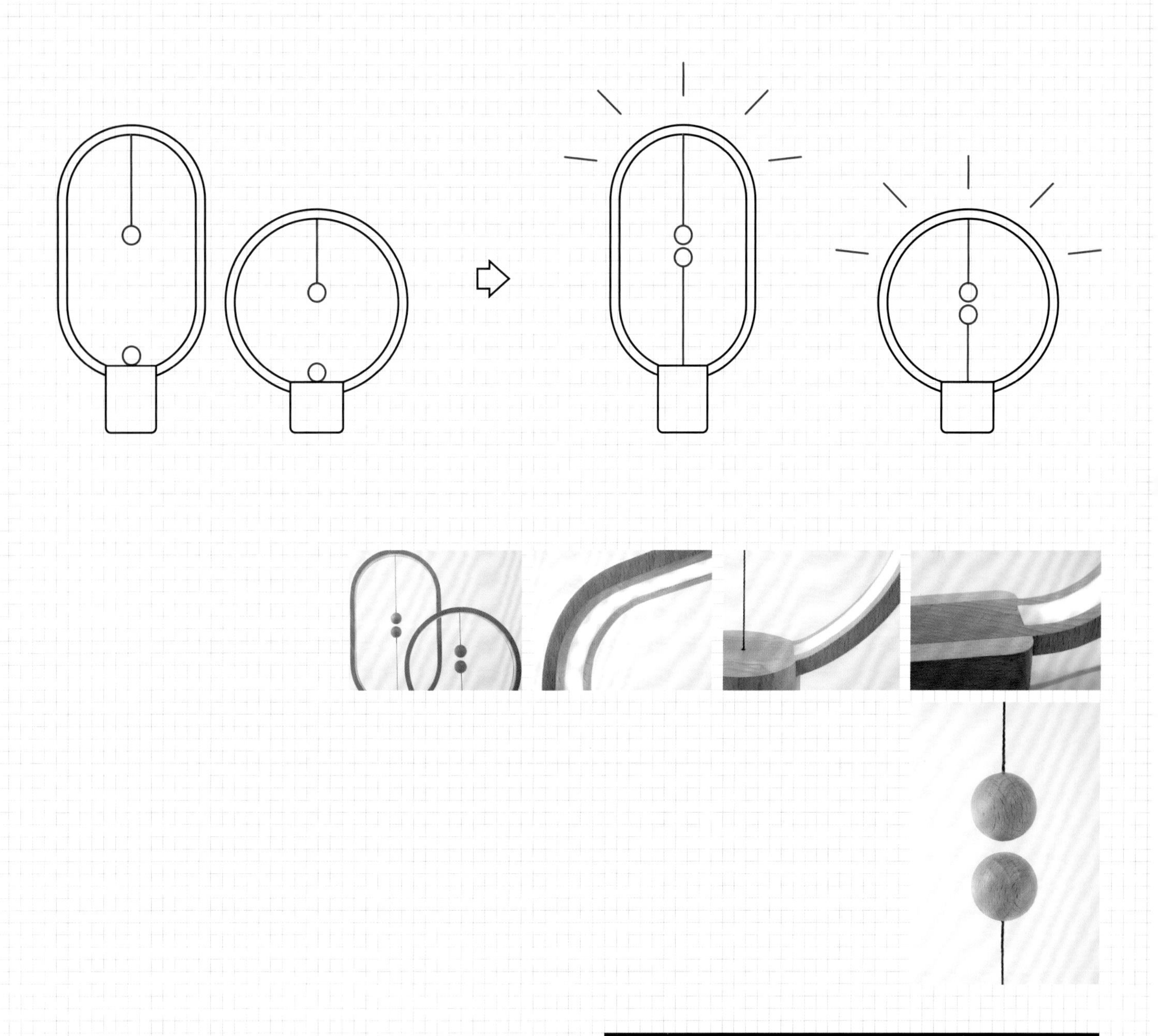

Heng Balance Lamp 平衡磁吸灯

案例解析 19

MENU 水滴形研磨用具

国　家：丹麦

设　计：Pil Bredahl

品　牌：MENU

时　间：不详

材　质：榉木、不锈钢

尺　寸：不详

这是一款研磨加工厨房配料的用具设计。对于此类厨房研磨用具来说，基本套系配件是一个盛器与一个捣锤。这件设计在基本套系配件的基础上做了造型设计的研究。

首先，木制盛器是碗状造型，考虑到研磨捣鼓的力度对于碗体的强度要求，对碗身做了加厚的设计，同时碗口口沿部分做了大角度的导角系数，以保证捣锤与碗体各个角度接触时动作的稳定性不会受到造型因素的影响。另外，碗口口沿切面呈斜角度造型是作了操作指向性的设计考虑，使得使用者在操作时，头部与颈部不需要做大角度位移，眼睛自然下垂小角度即可看清楚碗体内部全貌，使之减少因视觉影响的误操作，提高操作效率。

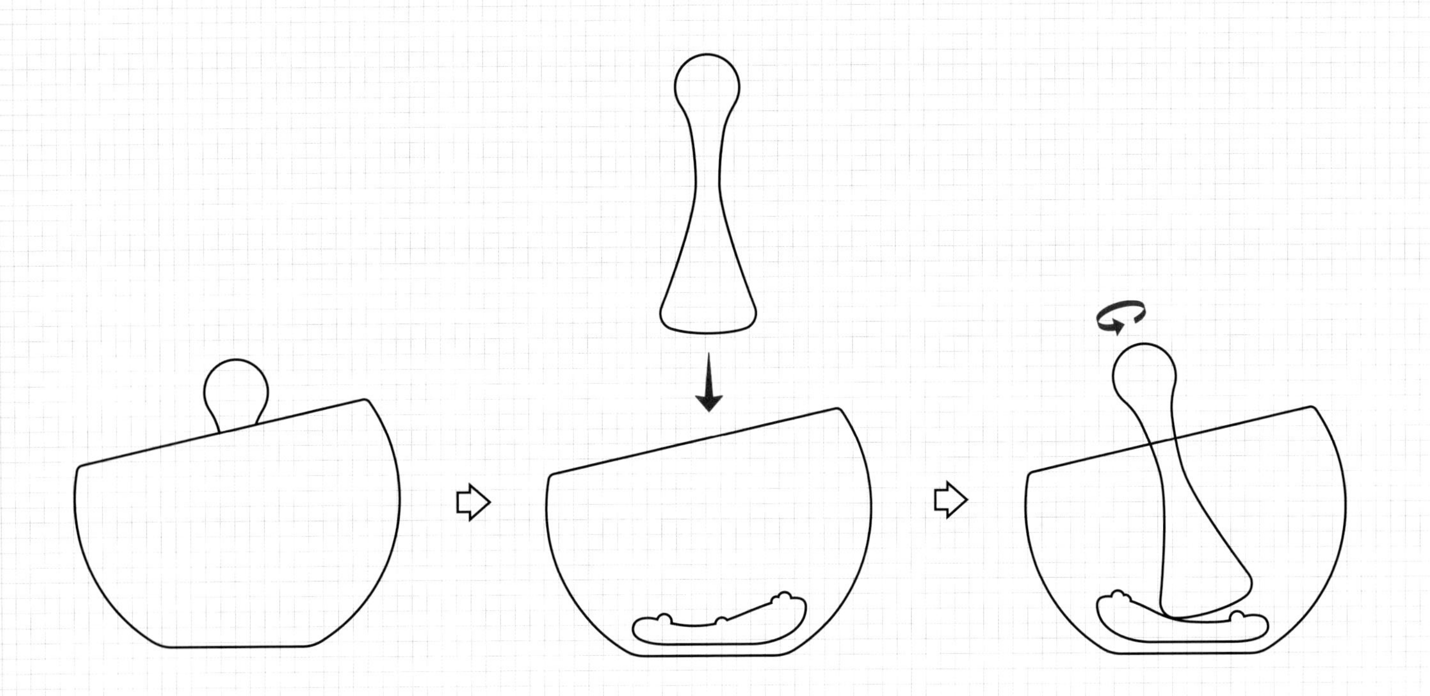

再说捣锤，可以看到静止状态下，捣锤的造型像一颗放大了比例的水珠从碗底溅起，腾空到碗口上方的一个连贯动态的慢镜缩影。造型设计上的形态语义表达使一件用具产生了趣味性的视觉表现。同时，捣锤中杆顶部放大尺寸的倒水滴造型握持面，考虑到了使用者在操作捣锤研磨时手掌部位与工具的贴合，让使用者在握住捣锤时掌心能够更好地发力，而不容易引起因为用力不当造成的掌心部位的不适感。

此外，碗体的木材质与捣锤的金属材质在视觉上形成用具整体质感的对比，无论是材料质感还是材质本体颜色视觉比例关系都恰到好处，使厨房用具不再显得生硬，更具亲和力和生活气息，符合家居用具的设计定位。

看懂设计：现代家居产品设计案例解析 20

Joseph Joseph PowerGrip™ 厨房剪刀

国　家：英国
设　计：Joseph Joseph
品　牌：Joseph Joseph
时　间：2019 年
材　质：不锈钢、PP、TPR
尺　寸：224mm × 91mm × 18mm
重　量：150g

这是一款典型的厨房剪刀用具设计。其配色运用了低饱和度的乳白与黄绿色相结合。这种色彩元素上的设计，使得剪刀这种原本不具亲和力的危险性用具在视觉上变得更为柔和，也使得这款厨房剪刀区别于常规剪刀的工具感特质，更具备生活气息，更能融入家居厨房的生活气氛，对其出现在家居环境中的目标判断更为准确合理。

这款剪刀的设计定位以用具的功能元素为前提，有四处细节做了充分的设计考虑。其一，我们常见剪刀的操作行为都是以单手操作呈现，但是出现在“厨房”这个空间定位中的产品，要考虑到场景中人群的特殊行为，例如剪切硬物的行为：厨房剪刀有一定几率需要剪切鸡鸭这种禽类食材的细骨，单手握力有限，特别是女性作为家庭厨房中的大比例使用人群，其力量有限，在单手操作的行为下，不但部分食材硬物不能顺利剪切，甚至还会产生单手剪切时食材滑脱剪刀的安全隐患，无论效率还是安全都存在问题；而这款厨房剪刀在两侧手柄的底部，直接于造型元素中设计出了可供双手握持发力操作的形态细节，在保证食材剪切稳定性的同时也增加了双手发力的可能性。其二，剪刀刀刃的尾部在造型上设计了凹口的形态元素，使芦笋之类的柱形食材在被剪切时可以固定在凹口位置，不容易滚动滑脱，方便使用者更准确地进行剪切使用。其三，剪刀单片刀刃中还设计了一个孔洞结构，结合另一片刀刃在孔洞位置处的齿状造型设计，考虑到了在料理食材时，将颗粒香料从根茎上剥离的操作行为。其四，厨房用具容易沾染油污与其他脏物，需要妥善清洗，同时刀刃与手柄内部的金属件也需要在使用后保证干燥，这把剪刀采用了分离式结构的设计，在厨房料理行为结束后，可以拆分开来分件清洗打理。

从以上可见，一款厨房用具的合理设计是建立在特定人群空间定位和以操作行为为前提的功能定位基础之上的。造型完全为功能服务，是这件用具设计的出发点与核心表现。

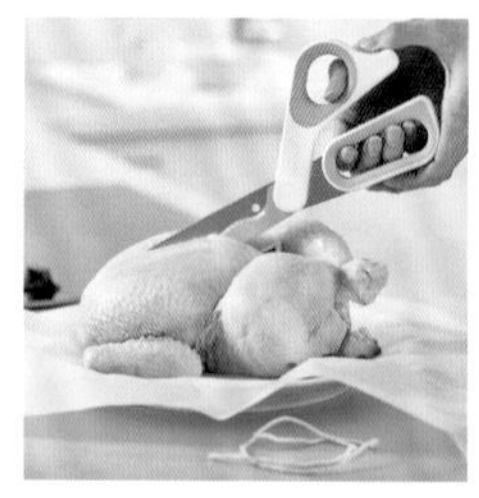

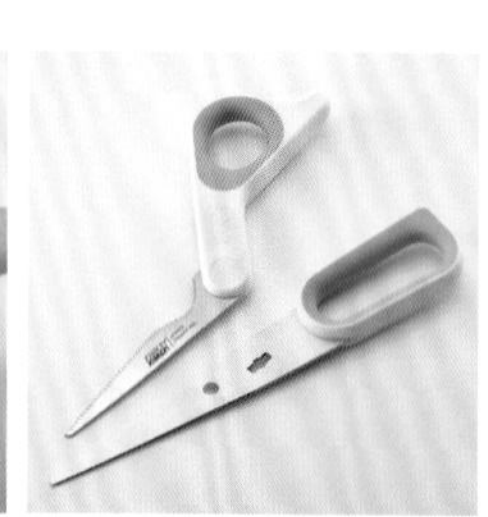

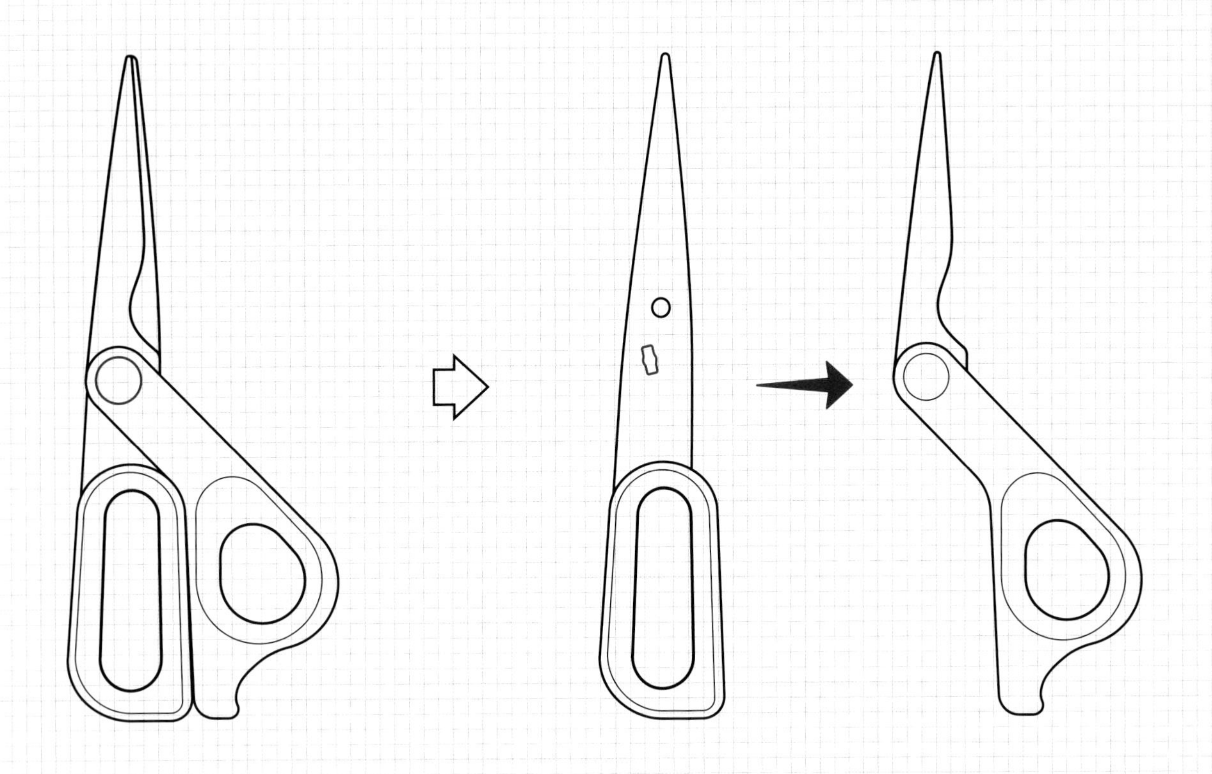

Joseph Joseph PowerGrip™ 厨房剪刀

案例解析21

POTR Eco Self-watering Origami Plant Pots
自浇灌折纸花盆

国　家：英国

设　计：Andrew & Martin

品　牌：POTR

时　间：2019 年

材　质：PP、棉

尺　寸：140mm × 100mm × 100mm

这是一款家居环境中的花盆自动浇灌套件设计。在家居中出现的植物种植行为里，最为常见的是浇水行为，为了简化这个行为，或者说做到这个行为的自动化，这款产品做出了相应的设计。产品的设计亮点在于花盆器具的配套套件：以可再生聚丙烯作为材料，利用材料的特性，加工成规律可折叠的结构形态，收紧即为平面板形状态，撑开后作为盆器可套在花盆的外部，成裹型容器状态。在产品上部近顶端位置有开一系列孔洞，中间穿一条棉线，提供吸水的可能性。往容器中倒入适量清水，产生储水性，棉线的一端处于容器底部，浸入水中。通过棉线的吸水性进行水的传导，在花盆的口沿处，棉线的另一端吸水后，沉积在植物周围的土壤中，盆中植物因此可以汲取一定水分，达到原本需要浇水行为才能完成的功能表现。

产品通过如上设计，提供了人在忘记给植物浇水或者因外出无法浇水时所产生的浇水自动化行为的可能性。但需要指出的是，这款自动浇灌套件所针对的植物种类有所局限，限制在不需要大水量灌溉的种类范围。同时，因为套件容器本身尺寸设计的因素，不能做到大容量储水，也就意味着对自动浇灌行为的时间跨度也有所要求，能够满足短时期内储水及浇水的需求，但不能保证长时期的要求。

值得一提的是，套件的材料与尺寸及造型对花盆主体没有产生较大的视觉表现影响。整体设计是贴近花盆的视觉表现，不抢主体效果。透过半透明的聚丙烯材料壳体，还能够看到花盆的本体形态，套件本身高度也没有遮挡植物的造型形态，做到了配件产品的从主性要求。整体表达自然和谐，不刻意也不随意，在达到功能性要求的基础上，做到了造型美感的延伸。

47

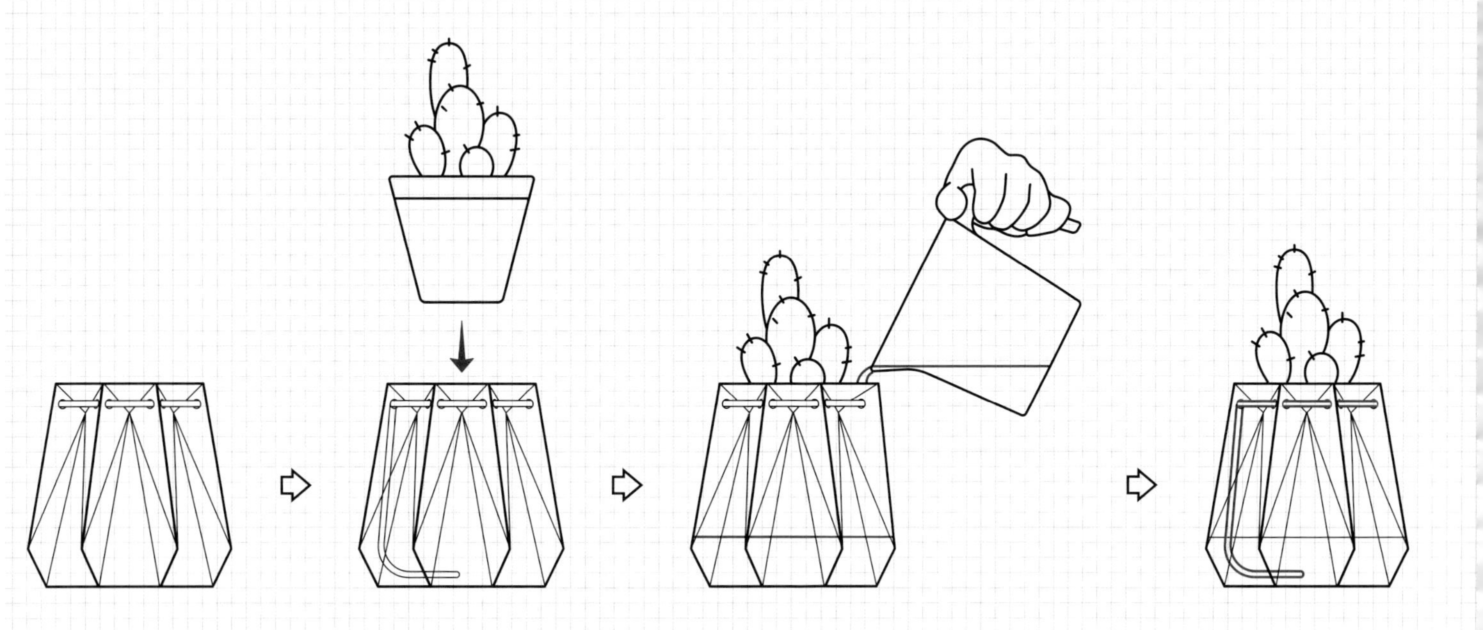

POTR Eco Self-watering Origami Plant Pots
自浇灌折纸花盆

看懂设计：现代家居产品设计案例解析22

YOYWall 投影壁灯

国　家：英国
设　计：YOY
品　牌：Innermost
时　间：2014 年
材　质：铝、钢
尺　寸：高 350mm　直径 120mm

这是一款以视错觉影像为设计卖点的灯具设计。产品本体是一个类似于烛台造型的架构，在亮景下，只以一根金属杆件的形式呈现在台面上，在暗景下通过灯具顶部的灯体构件，用230流明的LED光源把光投射到墙体上，形成标准台灯造型形态下的灯罩光影效果。

它虽然照射出台灯光照造型的形态特征，但有别于常规台灯的基本结构框架，这款灯具没有台灯结构中灯罩的构件，是通过一个光源投影面的形式把“灯罩”造型呈现在墙壁上。与其说这是一款“台灯”，其实“壁灯”更符合这款产品的品种归类。因为它跟壁灯一样，光源是建立在墙壁主体的因素下实现的。

从这里可以看出，这款灯具的设计重点是放在视觉表现层面的。它更像是一件给人惊喜的“好玩”“有趣”的视觉性设计，而不是一件只追求光照射角度、光射域面积、光源强度与色温要求的功能性设计。我们对家居中的灯具产品的要求，可以不仅仅是阅读、书写照明层面的，也可以是氛围、指示、引导层面的。因而，灯具表现就可以不依赖灯具自身的造型元素，而通过光源本体来表现更多的视觉效果，带来更具趣味性的情感化设计。

49

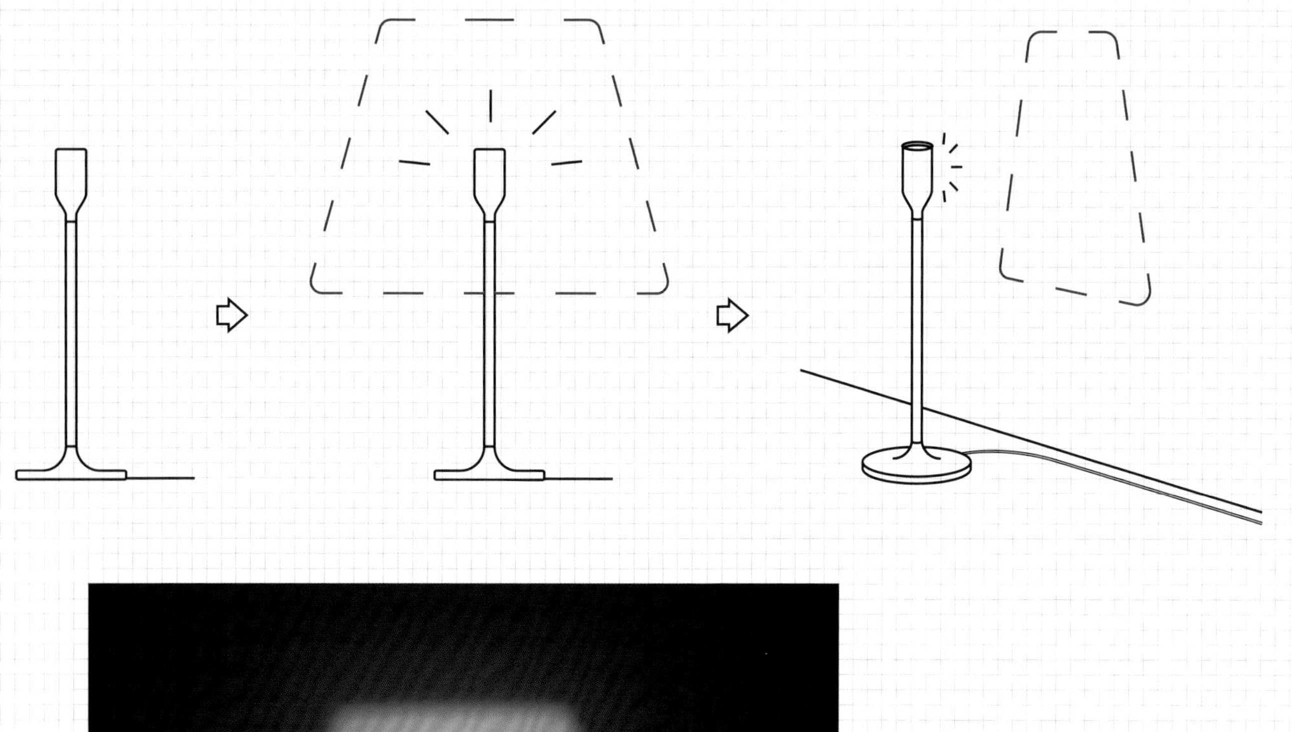

YOYWall 投影壁灯

看懂设计：现代家居产品设计案例解析23

Umbra Anigram Ring Holder 动物戒指托架

国　家：加拿大

设　计：Sung Wook Park & Edward Lee

品　牌：Umbra

时　间：2015 年

材　质：锌合金

尺　寸：长颈鹿 32mm × 20mm × 92mm　大象 65mm × 27mm × 40mm

驯鹿 45mm × 32mm × 85mm　兔子 40mm × 25mm × 70mm

猫 32mm × 50mm × 57mm　独角兽 70mm × 28mm × 79mm

这是一套戒指托设计，产品的人群定位更接近年轻女性消费群体。其一，用兔子、驯鹿、大象、长颈鹿、猫等多种动物形态作为造型主体，具备亲和力，容易使年轻女性用户产生情感共鸣，随之与产品建立亲近关系。其二，配色选用玫瑰金，较常见于首饰用色，具备首饰相关产品的特征性元素，符合首饰配件的视觉要求，在首饰结合戒指托使用时，两种物件置放在一起不会显得突兀。其三，材料采用锌合金，表面以电镀工艺处理，使戒指托整体呈光滑透亮质感，在保证戒指托本体不会因为表面肌理粗糙而划伤首饰的基础上做到了自身工艺品性质的表现，就算不挂托戒指，戒指托自身也能成为家居视觉中的一景。无论是置放在台面上作为工艺品装饰，还是拿捏在手里当作器物把玩，产品条件都足够成立。

回到产品功能主体，这套戒指托作为挂托收纳戒指的载体，其挂托位在每件产品动物造型的身体部位，例如耳朵、尾巴等向外突出有足够挂托尺寸的位置。戒指托由锌合金制成，重量为73克到127克不等，产品造型设计重心较低，更在戒指托底部贴合具备一定摩擦系数的绒布材料，使产品立于台面上不容易倾倒。在保证视觉美观的同时，对功能主体的细节也进行了妥善的设计。

51

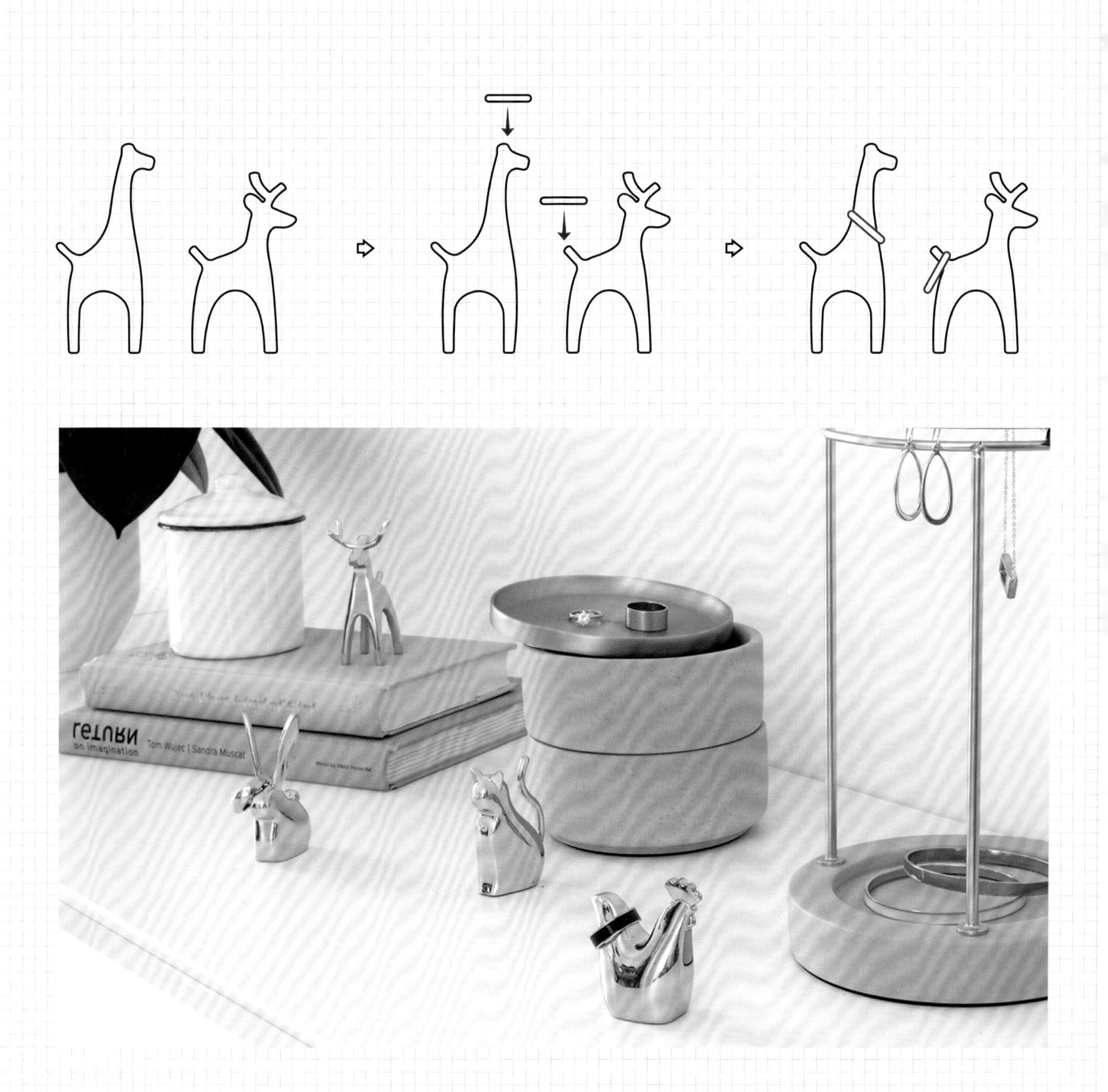

Umbra Anigram Ring Holder 动物戒指托架

看懂设计：现代家居产品设计案例解析24

Lumir C: Candle Powered LED Lamp 蜡烛供电 LED 灯

国　家：印度

设　计：LUMIR

品　牌：LUMIR

时　间：2014 年

尺　寸：88.9mm × 228mm × 73.7mm

重　量：220g

这是一款将蜡烛热能转化为电能发光的LED灯具概念设计。灯具本体并不带电能，自身不能放光，需要结合烛台一起使用产生光源效果。当灯具架构于点燃的蜡烛之上，灯具底部结构接触火源，蜡烛燃烧过程中，燃料的大部分内能转化为热能。利用将两种其他类型的半导体中的温差直接转换为电能的原理，使这款灯具可以做到在没有外部电源的情况下，使用蜡烛的热能打开LED，产生光源。

灯头结构可以替换成两种部件，一种灯头是面域型的泛光光源，另一种是带指向性的射灯光源，以此可以在家居环境中区分出氛围照明与工作照明两类灯具应用场景。设计的出发点在于利用蜡烛这种常见的家用备品，在家里停电的时候，可以通过此款灯具放大蜡烛的光源，提升照明的体验；也可以在户外条件下，配合蜡烛，做到便携照明的功能表现。

从用户使用的心理层面来分析，情绪是这款灯具设计所要表达的关键词。蜡烛光源的氛围在这款灯具上做到了延伸，泛光光源的灯光效果温暖柔和，富有亲和力，容易在暗景中让使用者沉浸于场景中；而射灯光源集中度高，覆盖面小，角度可控，对于阅读或其他工作来说，都能带来更高的效率。

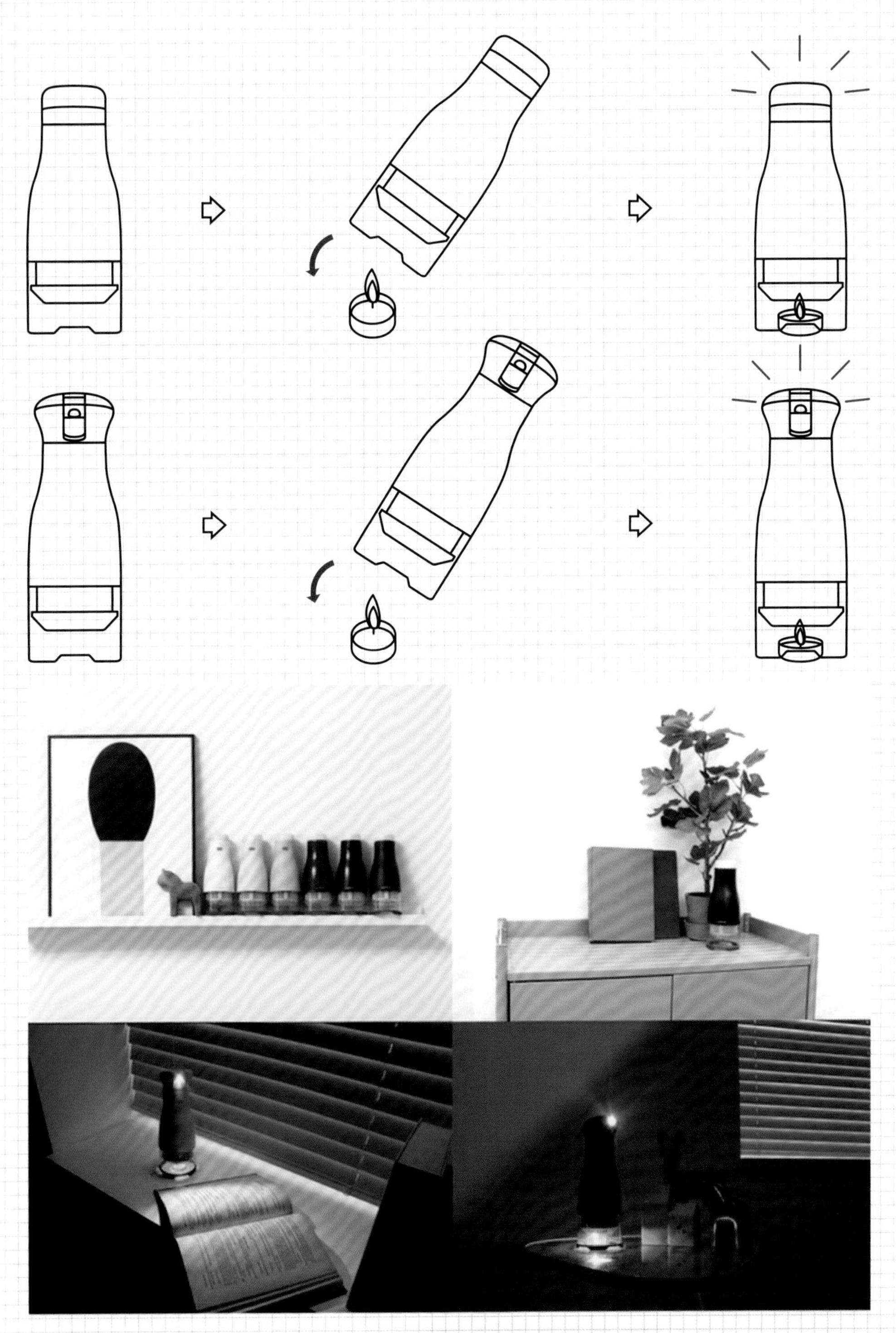

Lumir C: Candle Powered LED Lamp
蜡烛供电 LED 灯

Mordeco MIRRO 纸巾盒

国　家：中国
设　计：Mordeco
品　牌：Mordeco
时　间：2017 年
材　质：ABS、电镀纳米金属
尺　寸：210mm × 167mm × 160mm

这是一款带灯具照明的纸巾盒设计。主体采用的是抗冲击且具韧性的ABS塑料材质，表面工艺是电镀纳米金属（银：铬纳米金属，金：钛纳米金属）。由两节AA电池提供电源。

产品因为外表面高反射电镀层的存在，能够映射出空间环境影像，在家居场景中具备装饰效果的视觉表现性。产品电路结构设计成导电触控外壳的形式，从任何角度轻触壳体，都能点亮纸巾抽取槽中的聚光灯源。在抽取纸巾时，同样可以点亮光源，并会随着纸巾抽取的动态行为开启光源点亮与熄灭的动态过程。这使用户使用本产品时，能在纸巾盒的基础上得到更具趣味性的操作体验；同时，也使暗景下纸巾盒的抽取行为具有了指向性引导的功能。

家居场景中许多常见的用器原本并不起眼，这些产品在场景中更多表现的是功能性，但如果适当增加设计元素，提供一些装饰性的可能性以及行为表现上的设计应对，那一件用器便能提升自身的产品附加值，使之更能融入家居环境的家庭气氛中，而不再是以一件冰冷的工具形式呈现在使用者眼前。

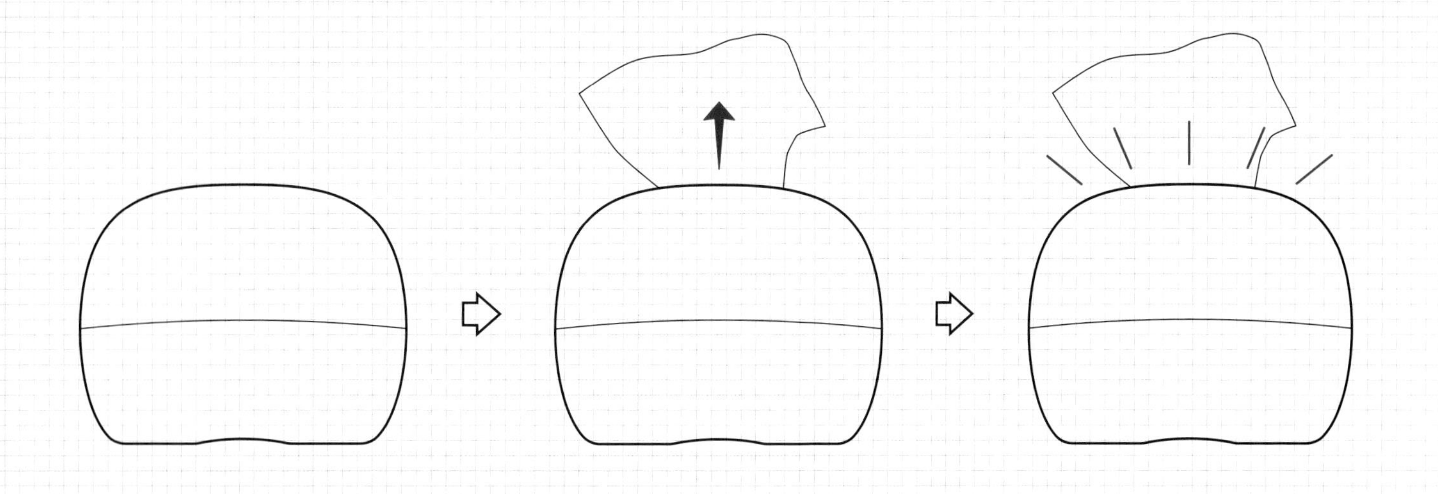

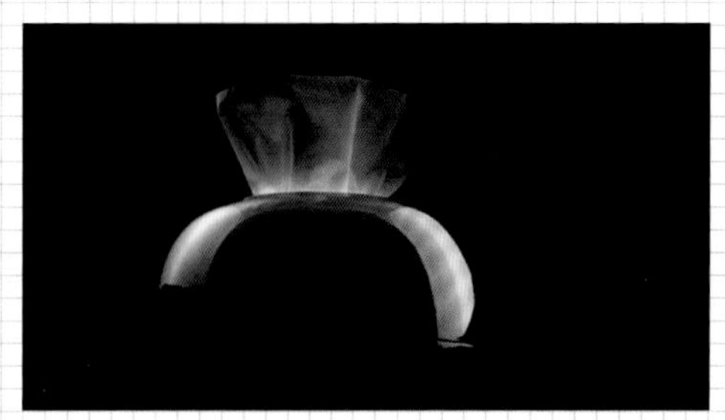

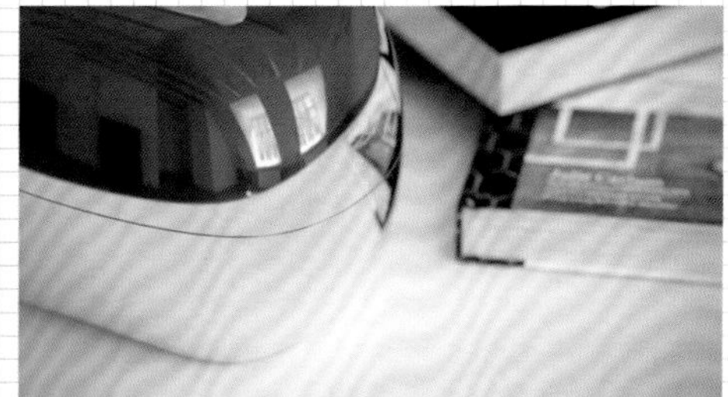

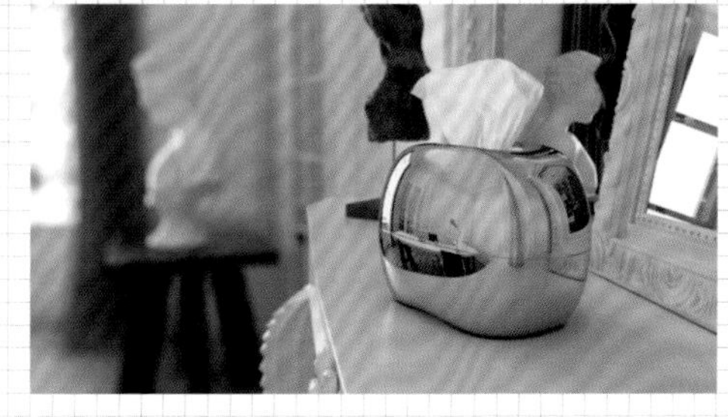

Mordeco MIRRO 纸巾盒

看懂设计：现代家居产品设计案例解析 26

Cuisipro 刨丝切片器

国　家：加拿大
设　计：Cuisipro
品　牌：Cuisipro
时　间：不详
材　质：不锈钢、PP
尺　寸：74mm × 70mm
重　量：86g

这是一款实用且有趣的厨房用器——刨丝切片器设计。有别于常见厨房刨丝切片器的使用方式，这款产品采用了传统卷笔刀的基础设计理念，把条状形态的蔬果插入螺旋刨丝切片器的阔口端，接触并贴紧刀刃后，将螺旋蔬果切片刨丝器稳定置于手中，转动蔬果即可进行刨丝或切片操作，持续转动，直至满足所需蔬果分量。

造型元素上刨丝器顶端呈鱼尾状设计，尺寸元素考虑到大拇指、食指及中指与鱼尾部件贴合的可能性，让使用者也可以变换操作方式，做到类似于上紧发条的旋转动作，以利用螺旋切片的结构原理完成更为精细的蔬果刨丝及切片的操作行为。

这款产品在人体工程学的安全要素上进行了设计考虑。其刀刃结构位略浅于外壳体表面，蔬果是被置入封闭空间的，刨丝或切片的动作都是以更为可控的旋扭形式完成。这些细节表现都要比常规刨丝切片器的开放式结构所产生的往复式单轨迹切刨行为更具安全性。此外，因为用器主体锥体造型的设计以使用者对蔬果旋转操作的动作为目标，从刃口处刨丝或切片出来的蔬果成品是具有指向性的。所以只要保持刨丝切片器位置不变，刃口出口方向即可固定，蔬果刨丝或切片成品就会根据使用者的意愿，稳定出现在盛器上方选定的位置与角度，做到操作后蔬果成品的便利收集，使整个料理行为在安全前提下流畅有序、干净整洁。

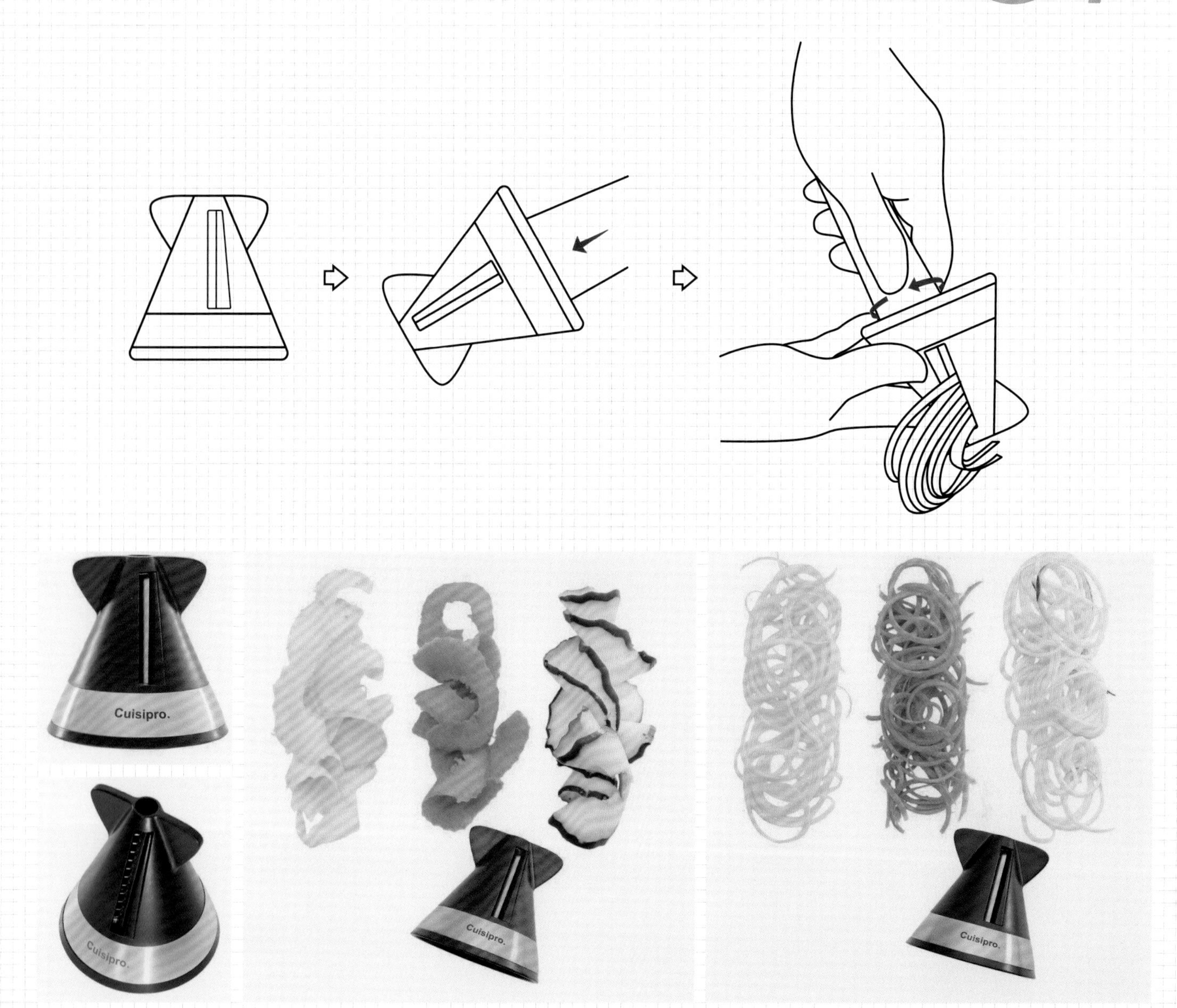

Cuisipro 刨丝切片器

看懂设计：现代家居产品设计案例解析27

Joseph Joseph 多功能剪刀

国　家：英国
设　计：Joseph Joseph
品　牌：Joseph Joseph
时　间：不详
材　质：PP、304 不锈钢
尺　寸：215mm × 10mm × 20mm
重　量：76g

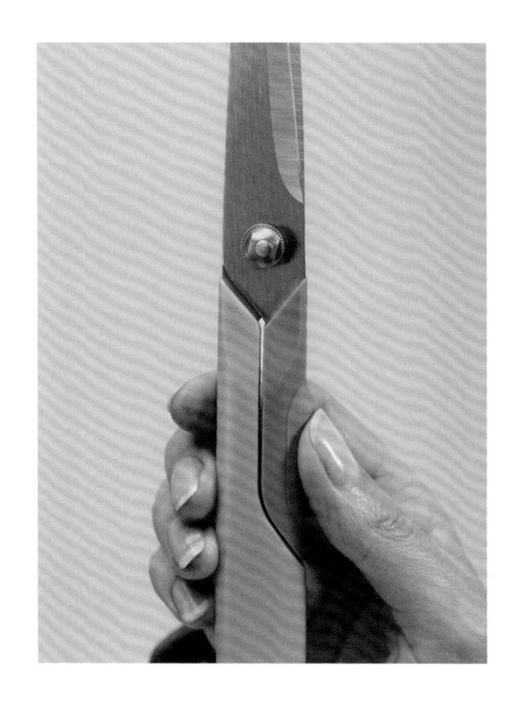

这是一款厨房剪刀用具的设计。此款设计弱化了剪刀左右手柄架构对称的形式，能够在收合手柄后整合成单体刀刃刀把的刀具形态，进而转为刀具使用。

功能形态上表现为：手柄打开状态为剪刀形式，闭合状态为刀具形式。利用造型元素在手柄上的考虑，设计长边手柄单体部件中的切面造型，形成收合空间；在另一短边手柄部件上，通过尺寸元素的设计考虑，以及造型元素的设计匹配，使之双边收合后能做到造型整体的契合，合体后形成单体握把的造型与功能形态。

值得一提的是，无论是造型还是功能，这款产品主体设计上还是以剪刀为主，刀具为辅。因为剪刀刀刃闭合形态下所形成的刀具刃口的形体与尺寸限制，手柄合体后，虽然有刀具形态，但是刀具功能只是辅助表现，不能替代标准规格的厨房刀具类用具，更适合于做一些划切纸箱与包装袋之类的基础刀具工作。

使用行为上需要注意的是，剪刀的操作，在于使用者大拇指与剪刀短边手柄交互时，在接触面造型与尺寸以及材料工艺上的设计考虑。造型上需要有贴合拇指的曲面考虑；尺寸上需要有大拇指尺寸人群均值数据的收集分析；材料上要考虑摩擦系数的需求，做到手指操作时不易打滑，避免误操作，达到厨房用具的安全要求。以上这些，都是设计师在产品开发前期，设计定位中的考虑重点。

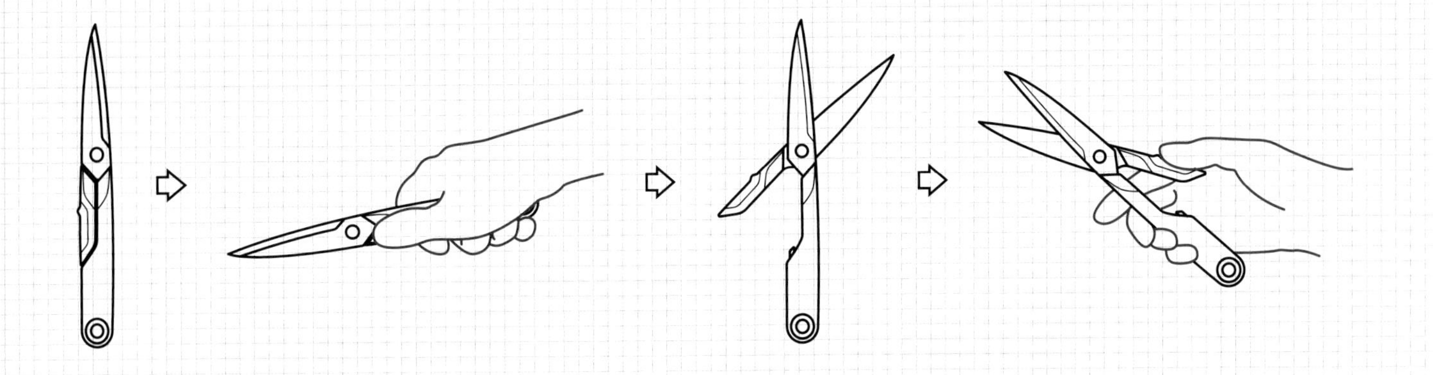

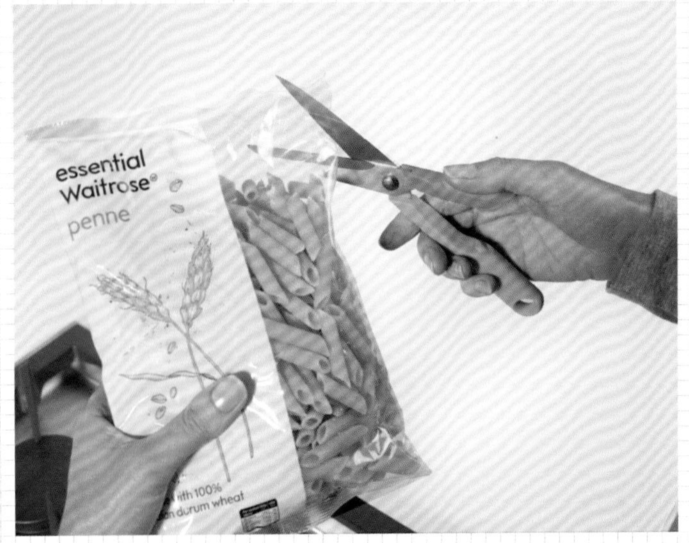

Joseph Joseph 多功能剪刀

看懂设计：现代家居产品设计案例解析 28

Urbie Air 生态系统空气净化器

国　家：美国

设　计：Mathilde Richelet、Bassel Jouni
　　　　Cristina Lutcan、Bill Jouny、Karim Hass

品　牌：不详

时　间：2016 年

材　质：塑料

尺　寸：360mm×300mm×240mm

这是一件当时还在众筹，尚未投放市场的结合植物生态的空气净化器设计产品。从方案效果图中可以看出它的设计意图。区别于现有空气净化器的常规设计，这件众筹产品在净化空气的形式中加入了生态系统的概念。资料中显示其原理是当空气被风扇吹过土壤时，机器会通过物理、化学和生物过程进行清洁。除了物理过滤能力之外，土壤还含有重要的生物群，有助于转化和分解化学物质和其他污染物，过滤空气中的杂质和VOC，从而帮助生产更清洁、更新鲜的空气回到环境中。同时，这款产品还可以收集房间内多余的湿气，将其变成冷凝水，为植物提供水分，形成小型生态循环。概括来讲，这件产品的设计本意是把机器吸进来的空气透过生态中土壤的生物因素过滤并且分解污染物，由植物提供新鲜氧气，而且机器本身又能够吸取底部容器中的水分，在降低湿度的同时为植物进行浇灌，形成生态系统。

这件产品的设计是在单体盆栽植物和盆器的基础上，增加了进出风轨道与汲水装置的结构部件，形成整合架构。在造型元素上是在花盆盆器上做了形态延伸，并且在盆器尺寸的设计中考虑了电路结构件等相关空间与结构因素。

利用植物净化空气的概念在国内存在客观市场需求。有很多人在装修新房后，习惯利用盆栽进行新房异味和污染物的净化。直接用植物净化新房空气可能并没有太大效果，但是植物盆栽对于家居空间的软装效果还是不错的。可以想象，这件众筹产品采用植物和净化器相结合的形式，如果投放到大众消费市场，应该会受到一部分消费者的喜爱。其主体功能——净化空气的实质效果如何还有待投放市场后进行检验，单从设计理念和设计表现上来看，还是存在合理性和可行性的。

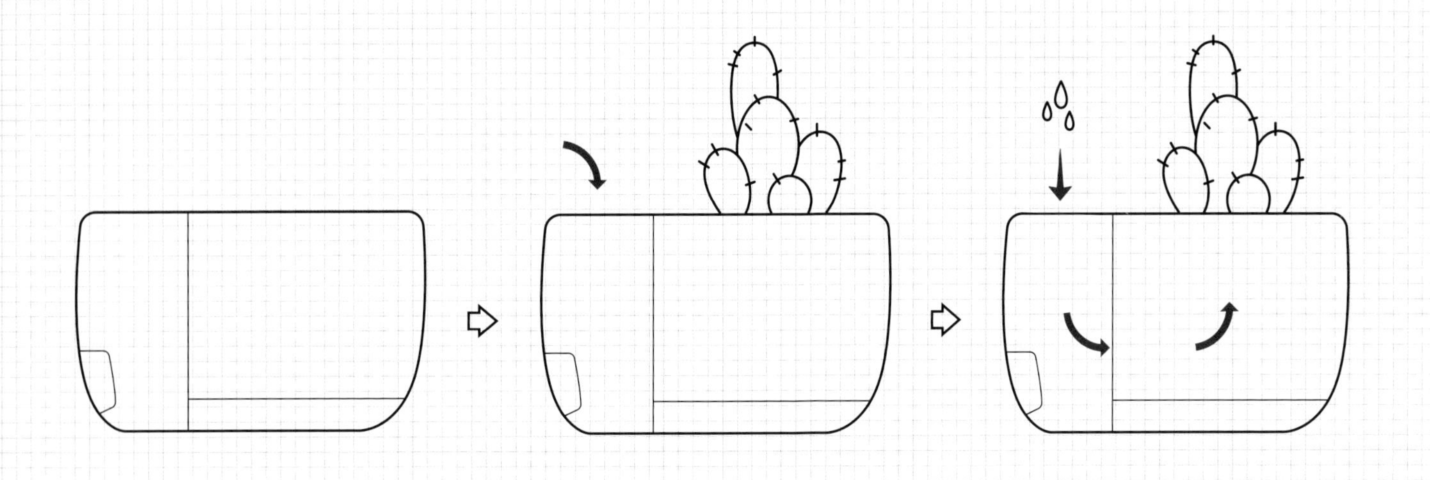

ALESSI Virgula Divina 开瓶器

国　家：意大利
设　计：Frédéric Gooris
品　牌：ALESSI
时　间：2017 年
材　质：不锈钢、PVD 涂层
尺　寸：106mm × 56mm × 14mm

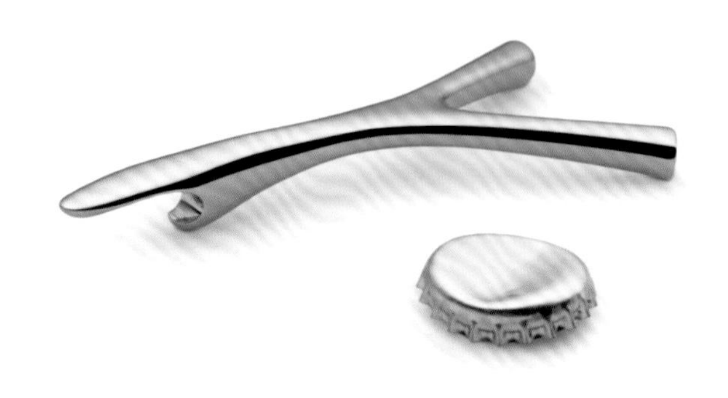

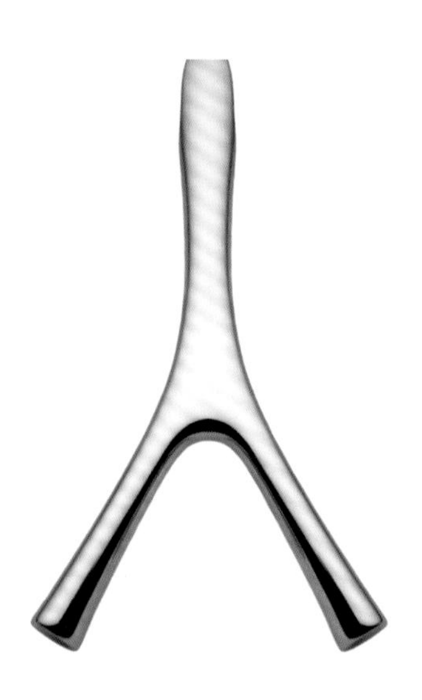

这是阿莱西众多开瓶器产品中的一款设计，造型元素占设计比重更多，提炼了树枝Y形枝杈的形态，以不锈钢材质一体成型。“枝杈”的Y形部位为手掌掌托位，承担手部握持与施力的作用。“枝杈”的尾端由正面开始往底面延续，设计出流畅的曲面延伸，形成瓶盖咬合点的造型，提供了开盖的功能。

这款产品以视觉表现为卖点，形态表达上利落干净，没有多余造型语言。高反射度的不锈钢金属质感增添了产品的气质，使其具备了装饰性美感。同时，产品功能表达简单明了，手持施力部位及瓶盖咬合部位方向性明确，行为表现属于直觉式操作。但需要深入体验评估的是，Y形手柄部位的开叉角度和尺寸对于手掌接触是否具备合适的贴合度表现，以及手部施力时掌心的受力感受是否足够具备人体工程学要素的舒适、效率和安全性问题。

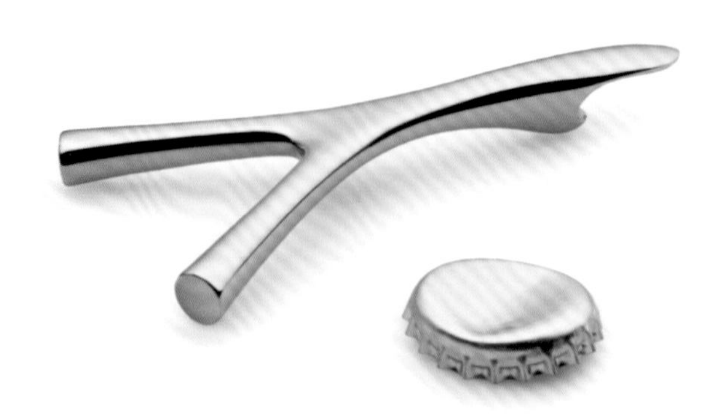

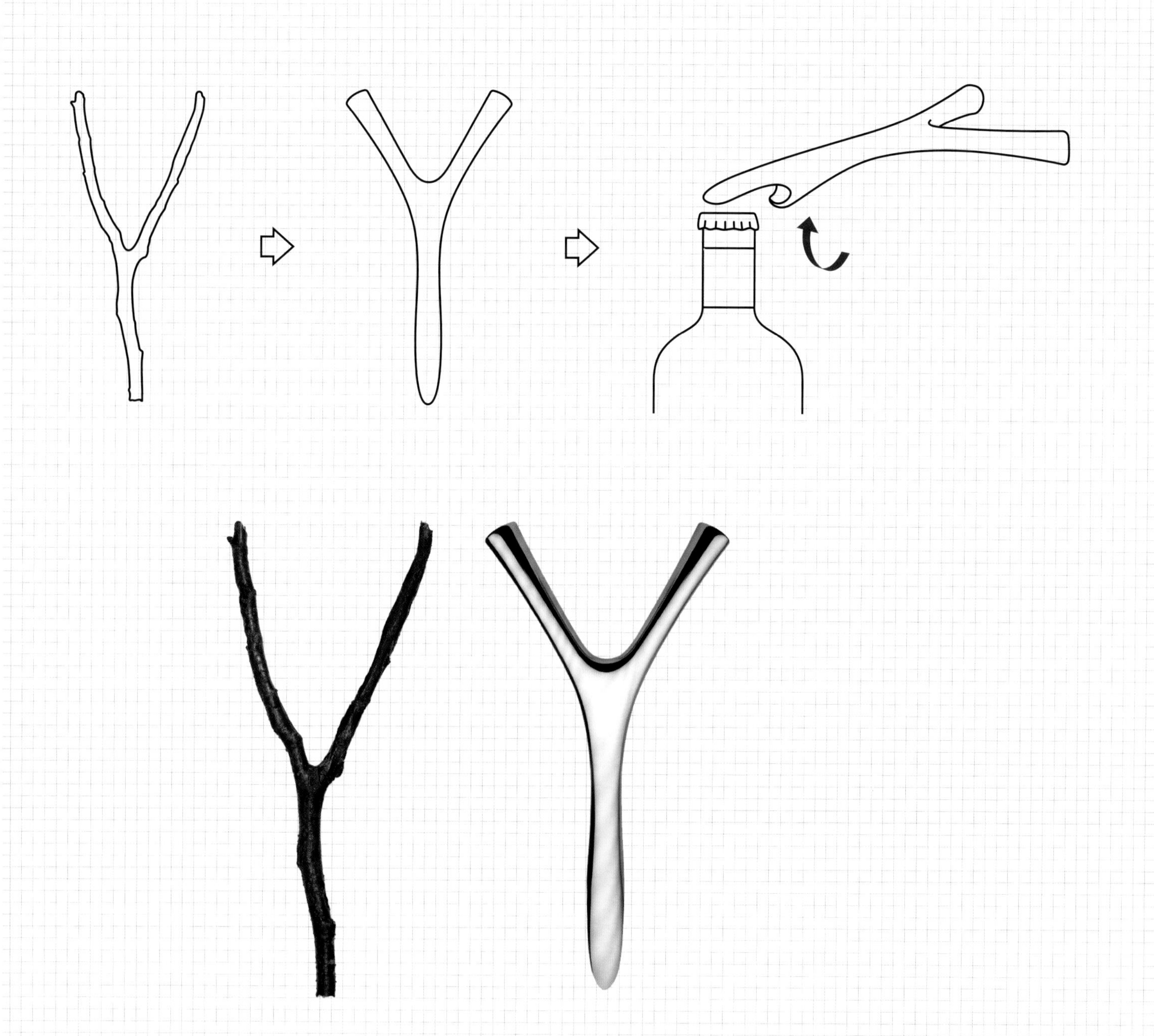

ALESSI Virgula Divina 开瓶器

看懂设计：现代家居产品设计案例解析30

Joseph Joseph TriScale™ 厨房电子食品秤

国　家：英国

设　计：Joseph Joseph

品　牌：Joseph Joseph

时　间：2015 年

材　质：PP

尺　寸：收起尺寸 149mm × 45mm × 21mm

　　　　展开尺寸 202mm × 219mm × 21mm

重　量：150g

这是一款可折叠收纳的厨房食材称重电子秤产品。这件设计从厨房紧凑空间的角度切入，把可折叠结构作为设计重点，设计中考虑到了称重功能与收纳功能的结合。其设计出发点在于解决常规厨房秤具占厨房台面面积较大，造成厨房空间杂乱以及使用完毕后收纳不便的实际问题。

我们可以看到，这款设计重点体现在结构表现上。盛器的承载支架设计有三根，除中间一根固定支架外，左右两根可以沿主体中心部件圆形轨迹做轴心旋转，形成开合两种形态。打开时，三根支架呈三角架构固定于台面上，使盆碗之类的盛器可以稳固地承载其上。称重度量在屏幕上显示，而屏幕是其中间支架的结构与造型的延伸。闭合时，三根支架垂于同向，左右两根支架的尾部中空结构可同时把中间支架的屏幕藏于其支架内，做到收纳时屏幕的封闭保护，并且其产品体积也随之大幅度缩小，可以在小型空间中（例如抽屉里）做节省空间的收纳。

这件设计以功能表现为主，无论是食材称重的基本功能，还是紧凑空间的收纳功能，都是从使用的行为和习惯角度着手。材质与色彩的设计表现比较朴素，主要在产品结构和尺寸的元素上加大比重。

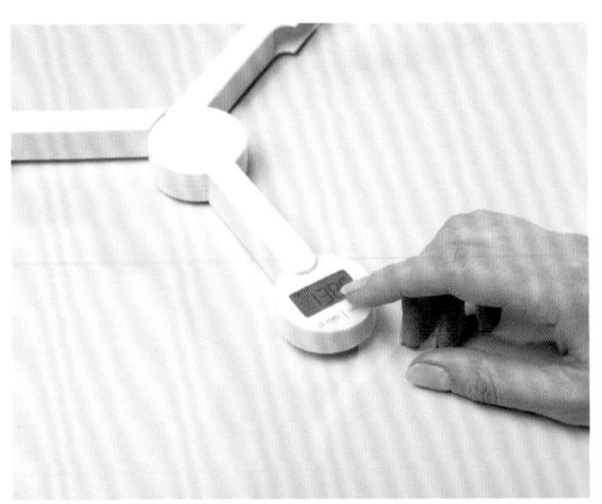

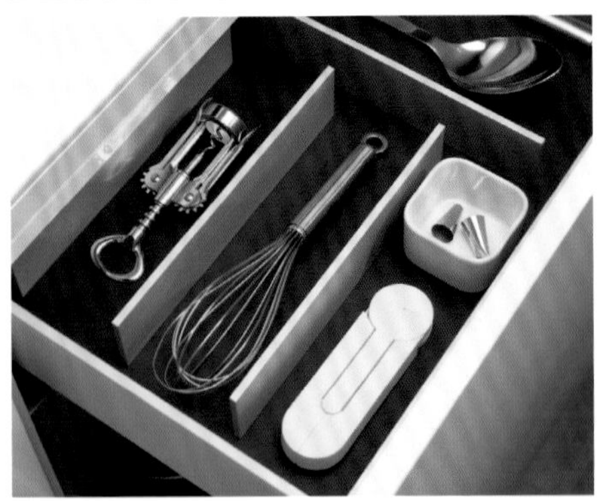

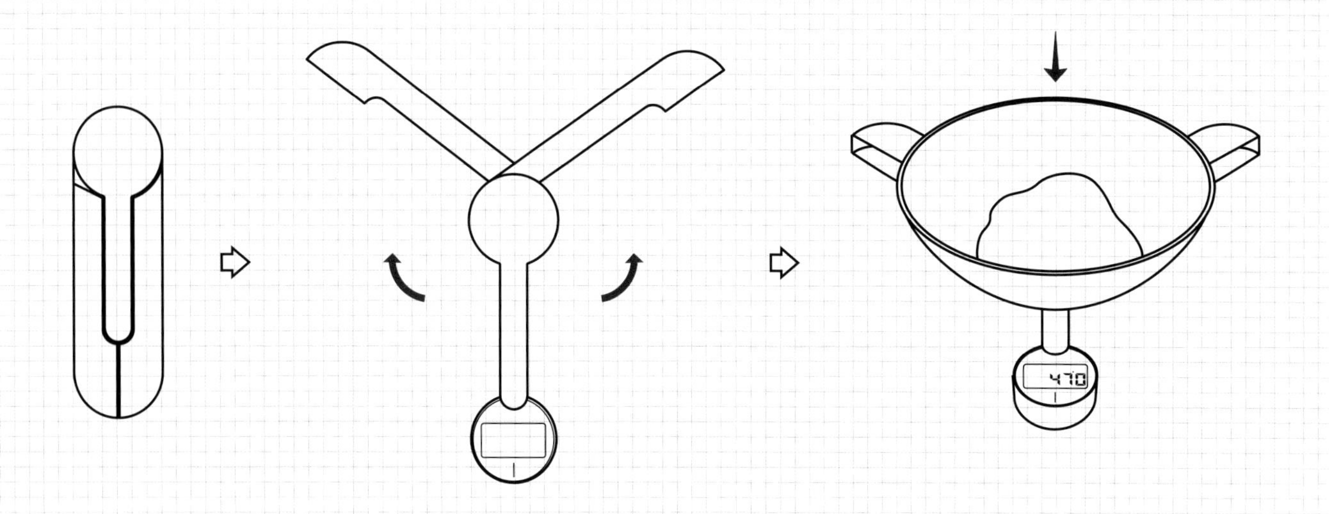

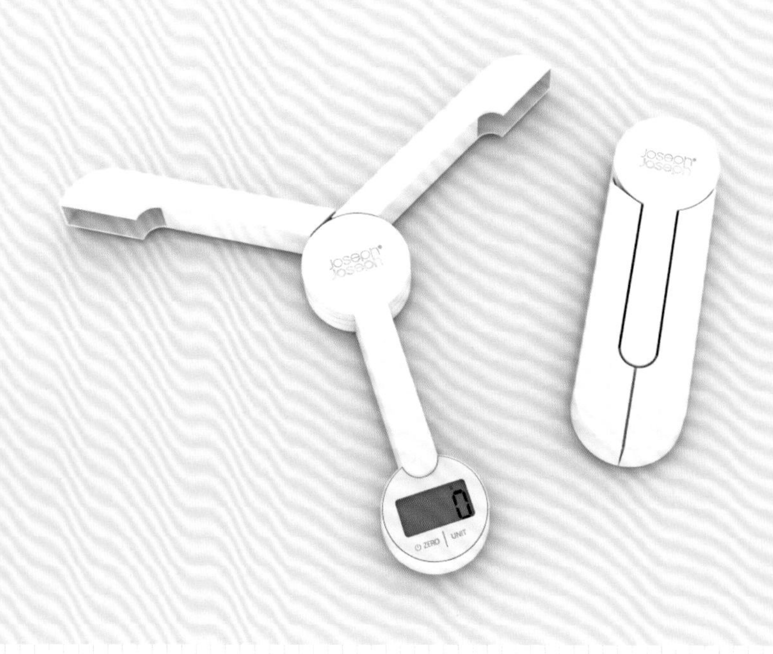

Joseph Joseph TriScale™ 厨房电子食品秤

看懂设计：现代家居产品设计案例解析31

LEVIT8 可折叠笔记本电脑支架

国　家：日本
设　计：不详
品　牌：LEVIT8
时　间：2015 年
材　质：不详
尺　寸：（S）230mm × 223mm × 300mcm　（M）230mm × 260mm × 350mm
　　　　（L）230mm × 400mm × 450mm

这是一款通过折叠形变产生承载支撑功能的多用途支架。从产品电脑支架的功能形态展开分析：产品利用折叠的行为，做到了平面和立体间的造型转化，也随之产生了对应承载依托功能的支架高度与强度的变化，使之能够配合笔记本电脑在任意场景中使用。

从空间场景与使用行为上来分析，这件支架产品承载的对象是笔记本电脑，笔记本电脑是移动办公设备，关键词提取为“办公”及“移动”。

首先来看“办公”。从行为角度进行思考，人长时间在桌面上进行电脑办公会导致颈椎、腰椎等身体部位的疲劳甚至劳损，需要适时地调整身姿，从固定座位上站立起来，改变一下腰、颈椎的生理曲线角度，以此缓解身体疲劳度。当下社会也提出了“站立办公”的概念。对于能够预防或是舒缓腰、颈椎生理疾病（例如椎间盘突出）的行为方式都是值得尝试的。但是站立办公，意味着办公台面高度不再匹配座位坐高，而需要考虑站姿时人眼视野角度以及手臂工作高度与笔记本电脑水平高度的尺度关系。这款支架产品就是在这样一个需求的背景下产生的。在折叠成型后，支架的高度可以使笔记本电脑的工作高度提高30 ~ 45cm（尺寸可以选择），同时因为其几何架构的结构支撑设计，支架可以提供10公斤重的物品承载，解决了笔记本电脑工作时操控稳定性的问题。

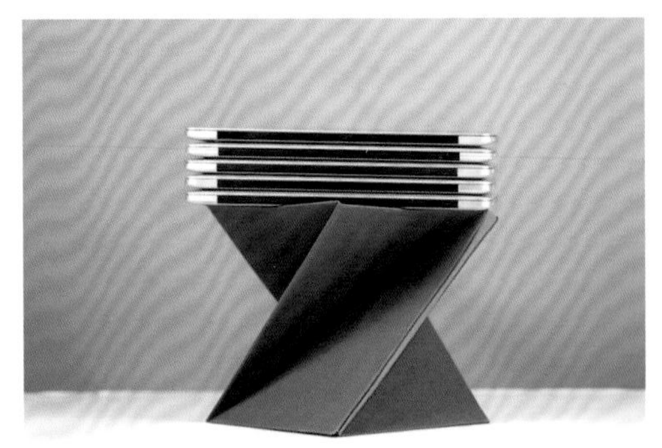

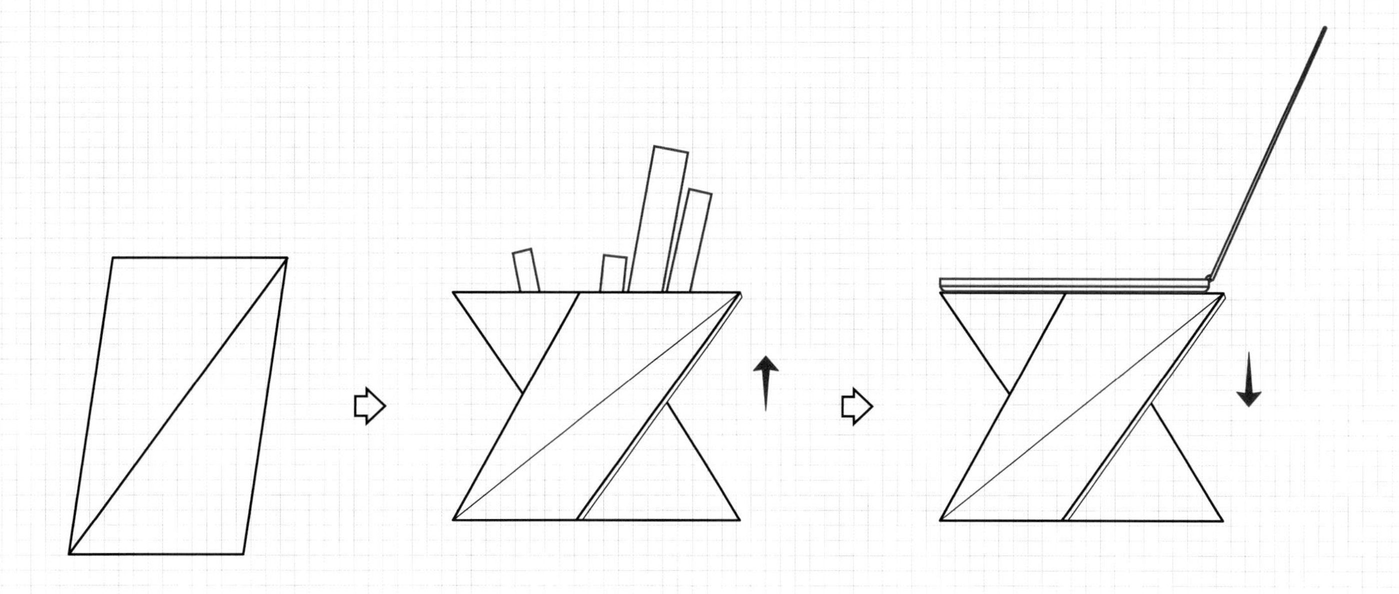

然后来看“移动”。在空间场景中，笔记本电脑被使用者携带，具备从一个空间到另一个空间的位移表现，搭配笔记本电脑使用的支架产品也需要具备便携移动的可能性。在这件产品中，可以看到其核心部件是纸板，外蒙皮是布料，结构是折叠框架。材料具备延展性和支撑性，在折叠完毕后，支架可以从立方体形态形变恢复成矩形平面形态，在空间上做到了自身体积的压缩。使其可以容易塞进电脑包，实现与笔记本电脑同步携带与使用的可能性。

LEVIT8 可折叠笔记本电脑支架

看懂设计：现代家居产品设计案例解析32

Tri-Peeler™ 3-in-1 Peeler 三合一削皮器

国　家：英国

设　计：Damian Evans

品　牌：Joseph Joseph

时　间：2018 年

材　质：ABS、TPR、PP、不锈钢

尺　寸：152mm×91mm×29mm

这是一款厨房削皮用具的多套件整合设计。产品分为削皮刃口部件与手柄握持部件两块。其中削皮部件为三角造型，每一边各为一类削皮形式的刃口，其一角位置还设置有一个挖蔬果突起物及果核的固定构件。另一部件为扁状Y字形手柄造型，设计点在于手柄头部连接削皮部件可以根据使用需求，以Y形头部套件套住三角两端、露出一端用以切换削皮器刃口。

从厨房用具使用行为的角度来分析，以此造型和结构形成的这款产品把加工处理蔬果的四种工具整合为一体，节省了收纳空间的同时做到了用具快速切换使用的效果，达到了提高厨房行为效率的要求。手柄与削皮器部件的连接结构使用步骤只有拆卸与套扣两步，产品使用行为的表现更多还是体现在削皮动作本身，不会在安装行为上影响使用体验，让使用者能够把注意力更为集中在器具的使用上。这样的设计使产品本身既达到了多套件功能整合的节省空间的目的，又提升了使用效率。让结构与造型的设计没有本末倒置成“为了设计而设计”，而是最终做到了设计与功能的平衡。

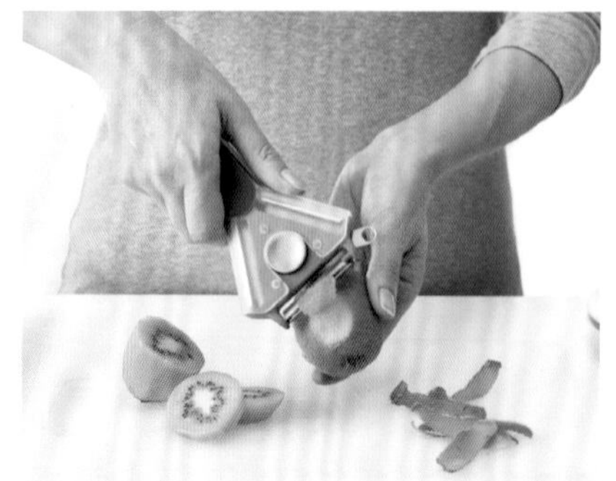

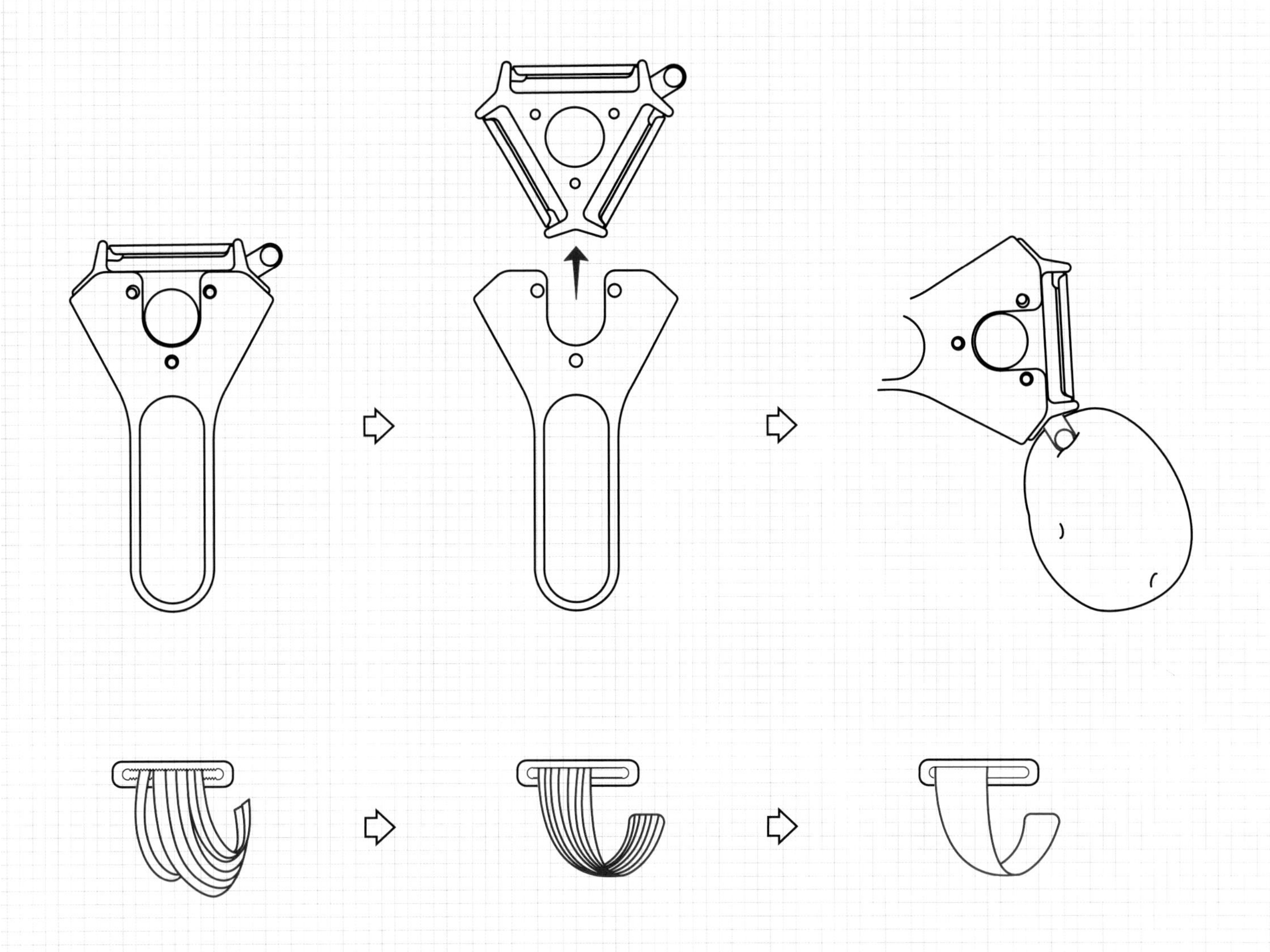

Tri-Peeler™ 3-in-1 Peeler 三合一削皮器

看懂设计：现代家居产品设计案例解析33

Joseph Joseph Helix Citrus Juicer 旋压柠檬榨汁器

国　家：英国

设　计：Joseph Joseph

品　牌：Joseph Joseph

时　间：2017 年

材　质：不锈钢、塑料

尺　寸：245mm × 94mm × 91mm

这是一款柠檬榨汁厨房器具设计。这件产品设计有两个组件，上部为蔬果挤压件，下部为蔬果置放槽。两个部件都设计有较长的手柄，在方便手部握持的基础上增加了力臂力矩的概念，可以在握持旋转挤压时以较小的力量产生更大的压力。

产品用色以亲和力较高的黄色系为主，下部置放蔬果位的部件以不锈钢金属加工完成，其银色的金属本色与主体的黄色形成颜色上的冷暖对比，呈现出配色上的设计节奏与层次，使整套产品不再显得工具化，而具有装饰性的视觉美感。

视觉引导上有一个细节体现，即在上下两部分的对口交接处分别设有两处小红点，以视觉形态引导使用者对器具操控的准确辨识与正确使用，提高使用的效率，带来良好的使用感受。

产品下部的金属盛器底部设计有孔洞，在上下两个部件做旋转挤压行为时，金属盛器内的蔬果汁水可以从孔洞中流出，直接浇注在食材料理上或者收集到汁水收集器皿内。使用完毕后，上下两个部件可以直接在龙头下冲洗，减少了器具使用后的整理步骤。这些细节都是在使用者行为方式上做出的设计考虑。

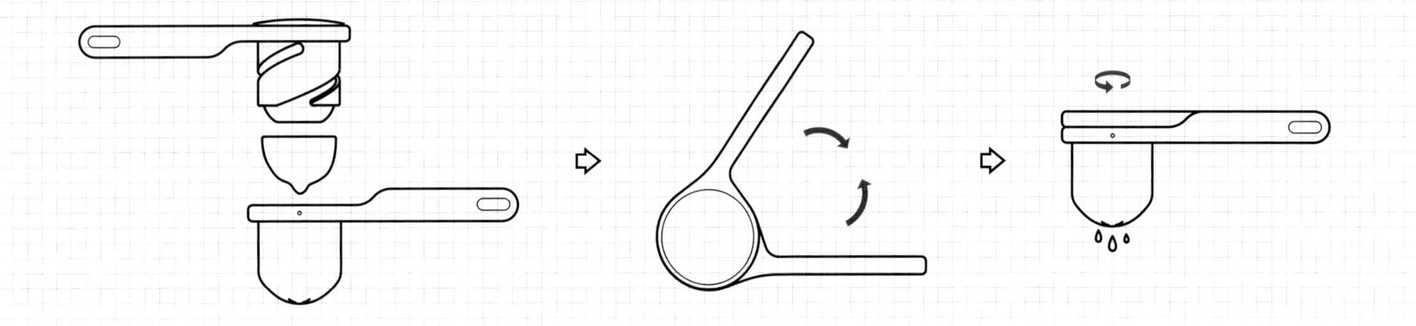

Joseph Joseph Helix Citrus Juicer
旋压柠檬榨汁器

看懂设计：现代家居产品设计案例解析 34

Joseph Joseph Index™ Steel Chopping Board Set 分类砧板

国　家：英国

设　计：Damian Evans

品　牌：Joseph Joseph

时　间：2017 年

材　质：PP、304 不锈钢、硅胶、ABS

尺　寸：外壳（大号）380mm × 250mm × 85mm　（常规）330mm × 23.5mm × 85mm

砧板（大号）340mm × 240mm　（常规）295mm × 200mm

这是一款厨房砧板套件。在设计中作了砧板功能分类的考虑，共有四块针对不同食材类型加工特点的砧板形成一组套件。这款产品的设计体现在产品视觉信息表达的一系列细节中。

首先，在色彩元素上，每块砧板根据对应食材做了颜色上的区分，有助于使用者在食物加工时通过颜色的视觉辨识快速选择到合适的砧板。其次，在造型元素上，每块砧板都在矩形形态的基础造型上于顶部边缘做了一个梯形小块的造型延伸，同时配合图形符号的视觉信息引导，明确砧板针对的食材类型。

而更能体现这款砧板套件产品设计的重点在于每块砧板表层的造型设计与肌理表现对四类食材类型作了针对性的考虑。例如：蓝色的鱼类处理砧板，针对鱼类食材表面较滑，在加工处理时容易脱手的问题，在砧板中间位置一块窄边长条矩形上做了圆点凸起物的肌理设计，增加了摩擦系数，起到防滑的作用，提高了使用者食材加工行为的安全性；绿色的果蔬类处理砧板，针对果蔬类食材在加工时容易产生汁水流淌或溅射的问题，在砧板造型上抬高了四周边缘，并在尺寸上考虑汁水量，使四边边缘只是形成阻隔汁水的空间，而不会高得过于突兀，使用者能够无意识地获得果蔬加工时汁水不外流弄脏料理平台的体验；白色的熟食处理砧板，针对熟食在刀具切斩加工时容易掉落食物碎屑的问题，在砧板表面设计了有规律的凹槽造型，尺寸上，凹槽是浅层深度，只作了小体量碎屑的收纳考虑，方便碎屑与食物主体分离的同时可以沿着浅层凹槽槽轨倾倒至别处。同时，有规律的凹槽也能成为肌理造型的表现，增加熟食加工时防滑的功能；红色的生肉类处理砧板，针对生肉加工时血水容易外溢的问题，在砧板平面靠边缘处设计有一圈凹槽，使生肉加工时的血水可以引流至其中，不会污染砧板外的料理平台。

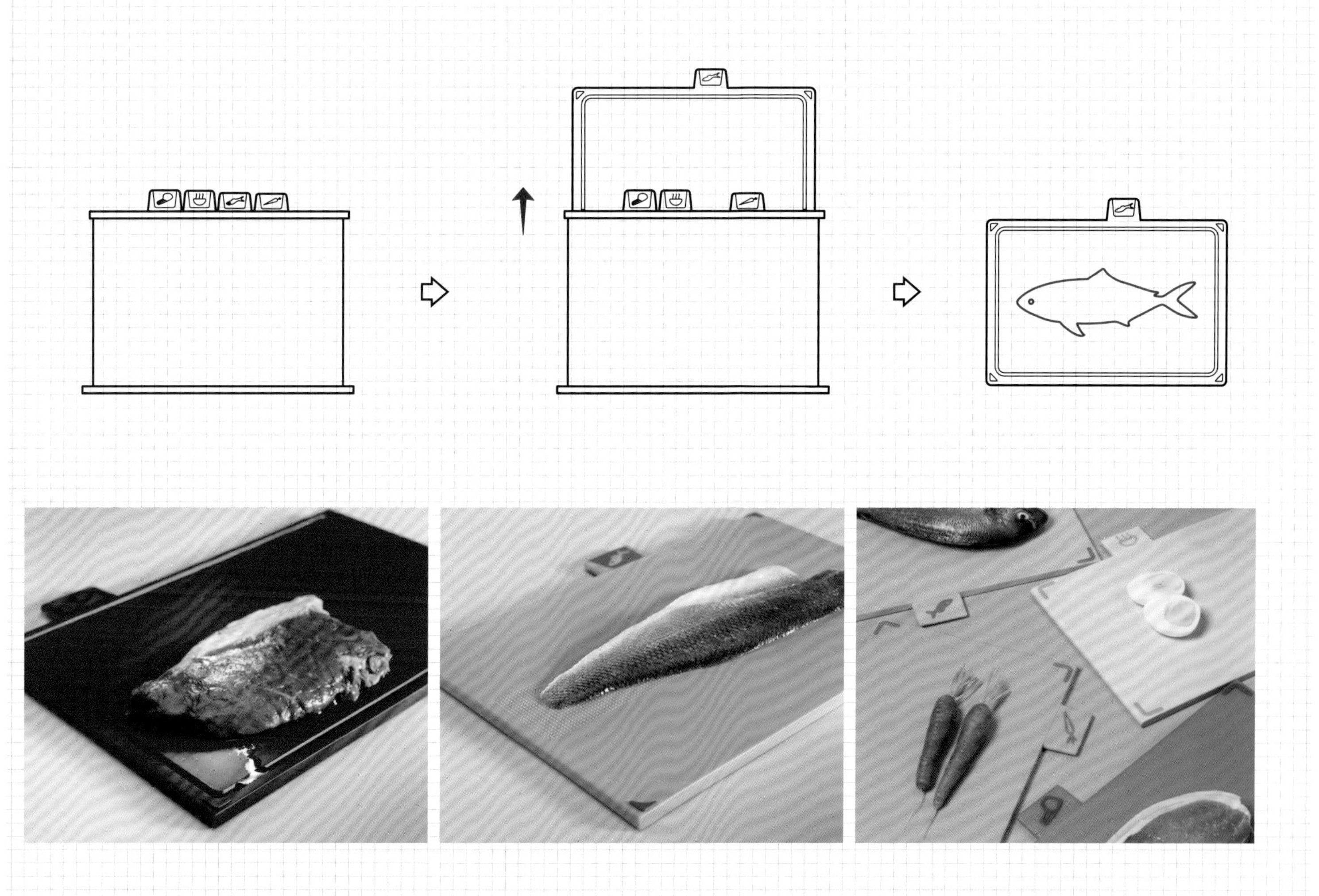

上述设计细节都是以使用者在厨房食材加工时的行为经验论作为依据而进行的设计思考与实践表现。可见，这款设计的本质还是功能性取向，以视觉表现为形式，以造型、肌理以及尺寸为核心，在厨房空间中对砧板进行了使用目标细分。

Joseph Joseph Index™ Steel Chopping Board Set 分类砧板

看懂设计：现代家居产品设计案例解析35

Normann Rainbow Trivet 彩虹隔热垫

国　家：丹麦
设　计：Rudolph Schelling Webermann
品　牌：Normann Copenhagen
时　间：2011 年
材　质：PA
尺　寸：80mm × 185mm × 13mm

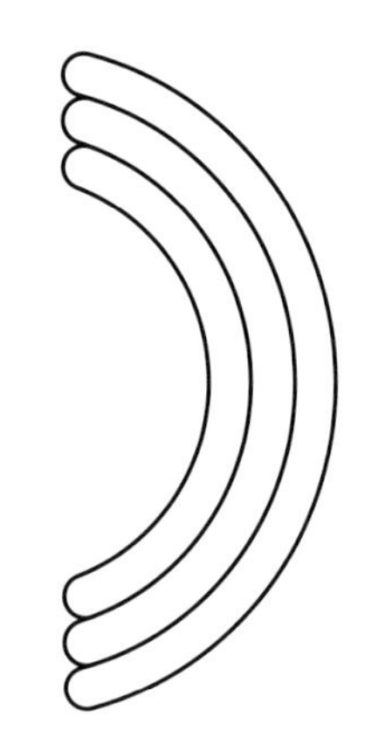

这款隔热垫设计与常规餐盘及锅具隔热垫的区别在于：可以通过结构形变，变化自身的占地面积，以保证空间收纳的便利性。

常规隔热垫的常见造型为圆形平板，垫面整体贴合于台面之上，占台面面积较大，较多数量隔热垫同时收纳时，如置于抽屉或柜体格架内较容易受到空间限制，产生不便。这种在家居环境空间中，对于现有厨房用具及器具类产品使用体验所得出来的需求，可以成为设计的出发点，形成设计目标，从而展开具体的思考与设计。

这款隔热垫设计向此目标出发，抛弃了圆形实体平板的常规设计，在结构上做出考虑，设计出三段式部件及磁铁吸附的形式，使隔热垫面以框架形态呈现在应用场景中。锅具以及餐碗附于其上，隔热垫承载受力面不再是圆形平面整体部分，而是在圆形轮廓框架的接触面上。其造型设计还是以圆形素材作为主体形态，三段支架部件分别以三个不同直径尺寸规格的同心圆造型为依托，取各圆形轨迹的一段曲线作为造型轮廓的提炼。如此设计的优势在于：三段支架部件可以通过磁吸的方式在各自支架的端口相互吸附，构成一个开放式的圈形结构，形成隔热承载空间；当使用完毕需要收纳时，三段不同直径尺寸规格的同心圆曲线段落部件，可以以圆心为基准，进行从大到小的段落贴合收纳。整合后的收纳形态通过三段颜色的渐变和部件段落的层次感，形成“彩虹”的特征元素，这也是这款产品取名“Rainbow Trivet”的缘由。

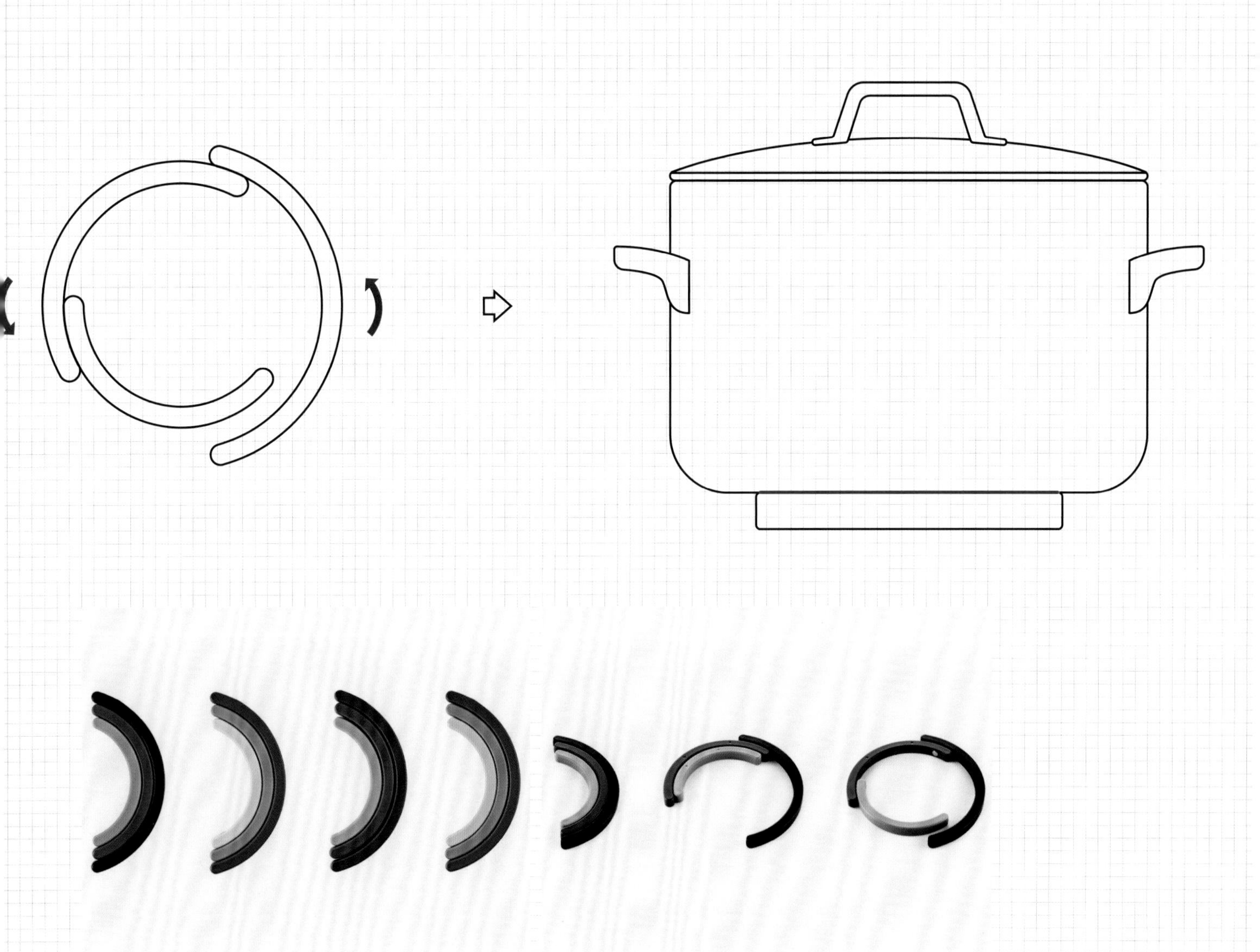

Normann Rainbow Trivet 彩虹隔热垫

看懂设计：现代家居产品设计

案例解析36

PELEG DESIGN Lemoniere 柠檬榨汁器

国　家：以色列

设　计：Gil Cohen

品　牌：PELEG DESIGN

时　间：2018 年

材　质：PP

尺　寸：180mm×120mm× 80mm

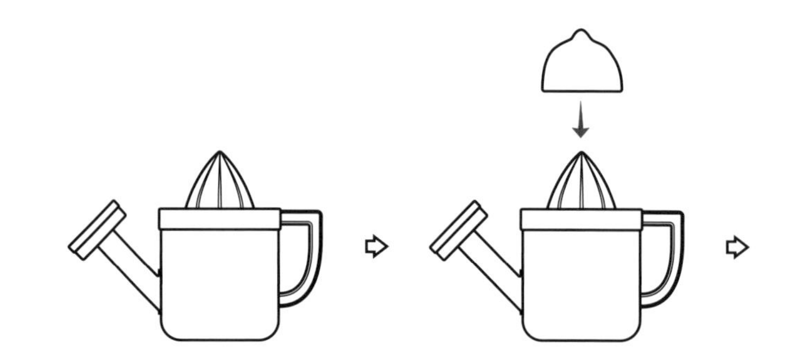

这款柠檬手动榨汁器走情感化设计的趣味路线，把榨汁器与汁水盛器两个部件整合后，通过洒水壶的视觉形态表达出来。两件产品形态语义上的联系点在于柠檬榨汁后倾洒汁水到食材上的行为动态与洒水壶浇水至植物上的行为动态在手部动作上的相似表现。榨汁过程通过产品顶部的类锥形造型部件完成，把柠檬切半，扣在锥尖处以挤压的形式向下用力，汁水渗出后，直接通过孔洞流入底部的水壶型盛器。随即通过洒水壶的喷壶口出汁，以倾倒水壶的动作完成往食材上喷洒柠檬汁的料理加工行为。

这样的设计处理其实是对器具使用行为步骤上的思考。传统的柠檬榨汁行为需要榨汁器与盛器两件器具，在行为过程中交替使用，使用后还要考虑每件器具的清洁整理工作。这件产品把两件器具整合起来，节省行为步骤的同时，加强了榨汁加工与汁水使用过程整套动作的连贯性。

同时，趣味性的产品造型与产品使用行为也给厨房用具带来了更具亲和力的形象，让使用者在使用时产生心理上的愉悦感。结合使用效率与视觉形象，这件产品可以算是一件自然的、有趣的、恰到好处的设计。

PELEG DESIGN Lemoniere 柠檬榨汁器

OTOTO MON CHERRY 量匙与蛋清分离器

国　家：以色列
设　计：Jenny Pokryvailo
品　牌：OTOTO
时　间：2017 年
材　质：PP
尺　寸：15ML　7.5ML　5ML　2.5ML（160mm × 30mm × 140mm）

这是一款以拟物形态结合功能表现的厨房烘焙器具设计。产品套件包含四把不同规格的量勺以及一个蛋清分离器。套件整体摆样呈带叶樱桃挂串造型，四颗大小不一的“樱桃”实际功能为四把量勺，而单片的“叶子”实际功能为蛋清分离器。

这件设计以造型元素为主，形态表现上较为具象，置放于厨房空间中，显得轻松生动。产品的整体视觉表现与烘焙场景结合在一起时没有违和感，这也与产品本身是烘焙器具的性质相关。烘焙有别于烹饪，属于在厨房空间中较为休闲与轻松的料理行为，器具自身的造型与色彩以及材料等设计元素运用得当，可以自然融入甚至增添这种氛围。这件产品中，樱桃这种被拟物对象的小巧圆润的造型与鲜艳浓郁的色彩恰好就具备亲和力，较容易被烘焙行为的使用者所接受。所以，在其他产品类型上相对会显得略为刻意的具象拟物设计，出现在这件烘焙用器上时反而能给产品表现加分。

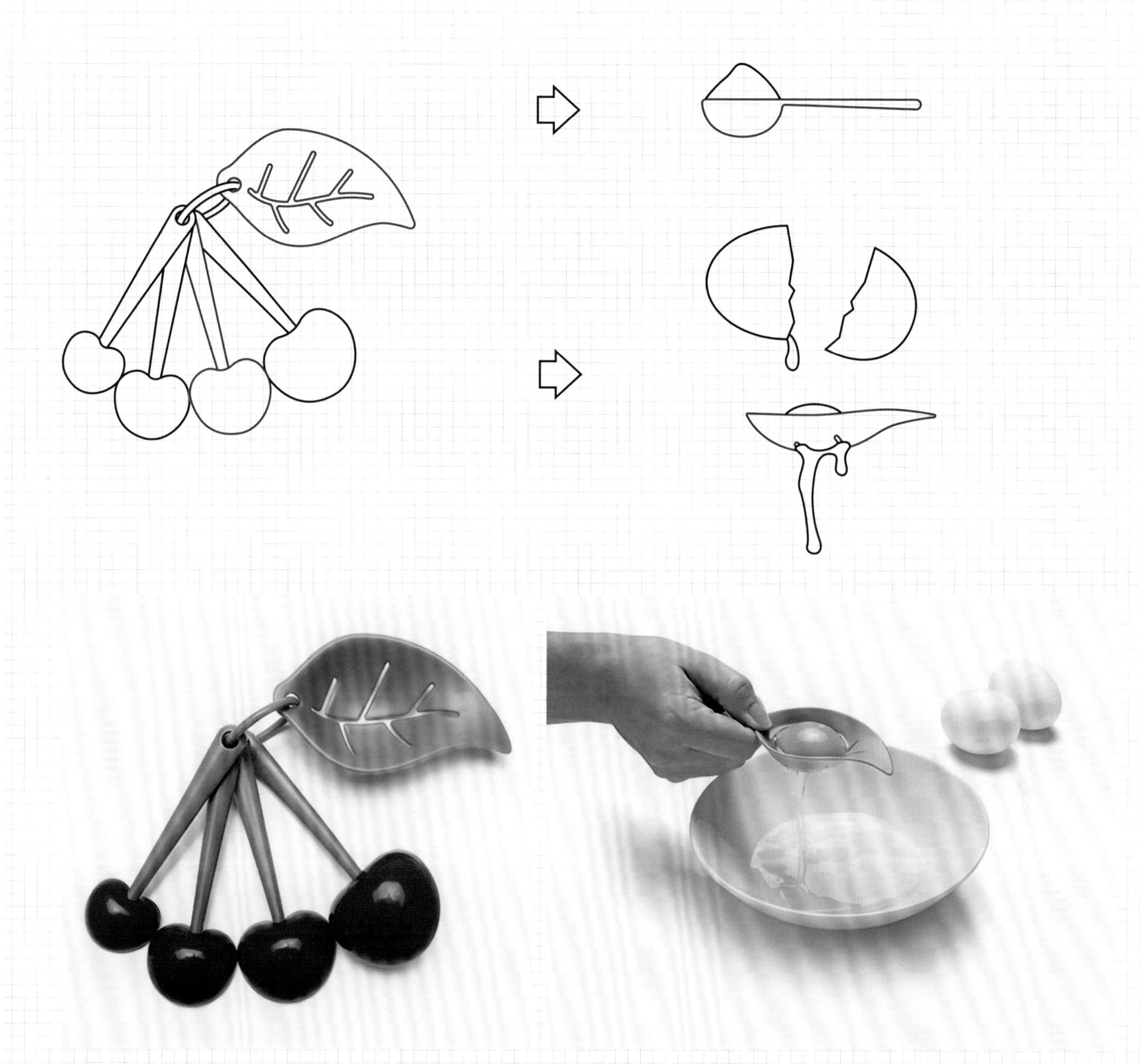

OTOTO MON CHERRY 量匙与蛋清分离器

看懂设计：现代家居产品设计案例解析38

GOAT-STORY GINA 咖啡机

国　家：意大利
设　计：GOAT STORY
品　牌：GOAT STORY
时　间：2018 年
材　质：玻璃、陶瓷
尺　寸：345mm × 163mm × 135mm
重　量：2kg

这件滴滤咖啡器具产品暂不谈功能与结构，单从视觉上来讲，给人的第一印象就是平衡、稳定，与咖啡器具产品的特定性质相吻合。观其正面，套件组合从上往下，滤杯、滴滤口、调节阀、粉杯、分享壶、架构底座等部件，都以调节阀圆心位置的一条竖直中线为基准依序展开，左右对称有序，视觉感受非常良好。

其连接底座与滤杯的支架造型呈梯形，使产品整体视觉重心稳定。同时，支架本体轮廓线条与支架内的分享壶轮廓线条有造型呼应，产生等比缩放的造型影像联想，使产品造型整体性更强。

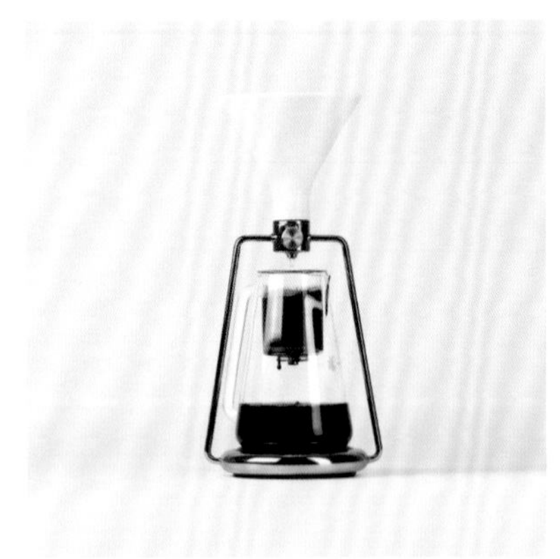

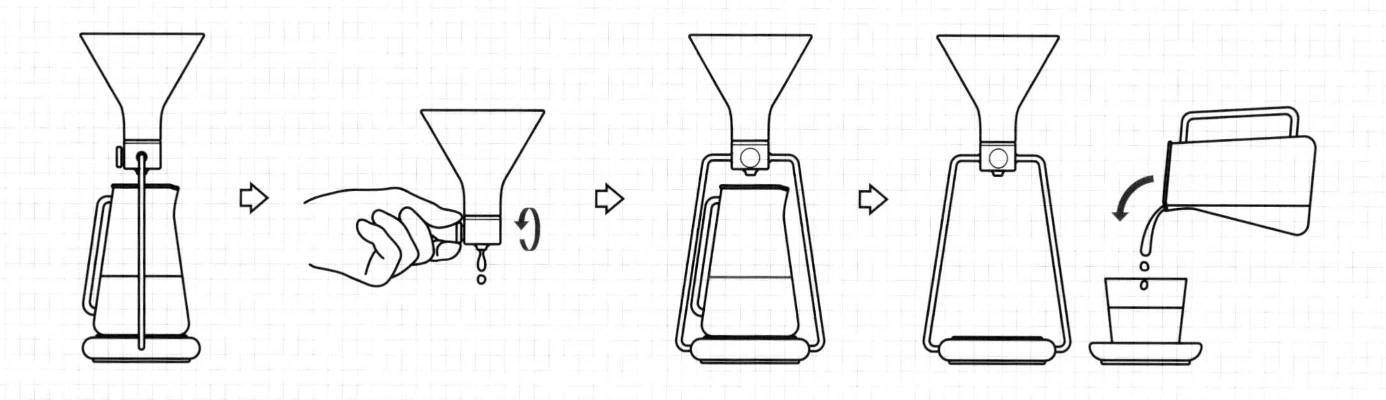

材质上，包括金属、陶瓷、玻璃与塑料。其产品整体的材料视觉面积比例设计得较为合理。视觉面积占比最大的是上部的陶瓷滤杯与中下部的玻璃分享杯，其底座与连接滤杯的支架部分以金属材质表现（或者塑料电镀工艺类材质表现）。金属材质在视觉形态中更具“硬度”，陶瓷与玻璃材质在视觉形态中相对金属偏“软性”。以更具“硬度”表现的金属材质作为支架连接上下部，会增强视觉层面的稳定性感受，同时支架管径尺寸有所控制，支架在形态上更具线条感，在保证结构强度的同时，做到了支架与其他部位的视觉面积对比，提升了产品整体造型的视觉节奏感。

这件产品的设计有不少优秀的地方，造型、材质是其比较容易被人关注到的设计亮点。

看懂设计：现代家居产品设计案例解析 39

Northern Diva Lamp 系列灯具

国　家：挪威
设　计：Peter Natedal & Thomas Kalvatn Egset
品　牌：Northern
时　间：2009 年
材　质：橡木、胡桃木
尺　寸：吊灯 485mm × 800mm
　　　　顶座圆直径 120mm × 高 55mm
　　　　立灯 485mm × 1200mm

这是一件通过材质与工艺的设计表达，以造型表现作为视觉卖点的灯具产品设计。其制作加工是利用合成板加热弯曲成型后，附上橡木或胡桃木作为表面材质，环状固定而成。内芯的光源使用吹制玻璃作为内灯罩，使散射出来的光线柔和且舒适。

这件灯具材料工艺的细节美感值得仔细体味。很明显，它是在照明功能的基础上加大了灯体造型视觉表现的设计比重，产品在没有点亮光源的场景中，也能作为家居空间内的一件装饰品。配合不同的连接架构，灯具主体还可以衍生出吊灯、落地灯、台灯等多种灯具形式。

可以看到，造型元素不是孤立的设计元素，设计师没有只在产品轮廓形态上做文章。在一些产品中，造型美感是通过材料与工艺以及结构等其他设计元素的综合表现来传递的。

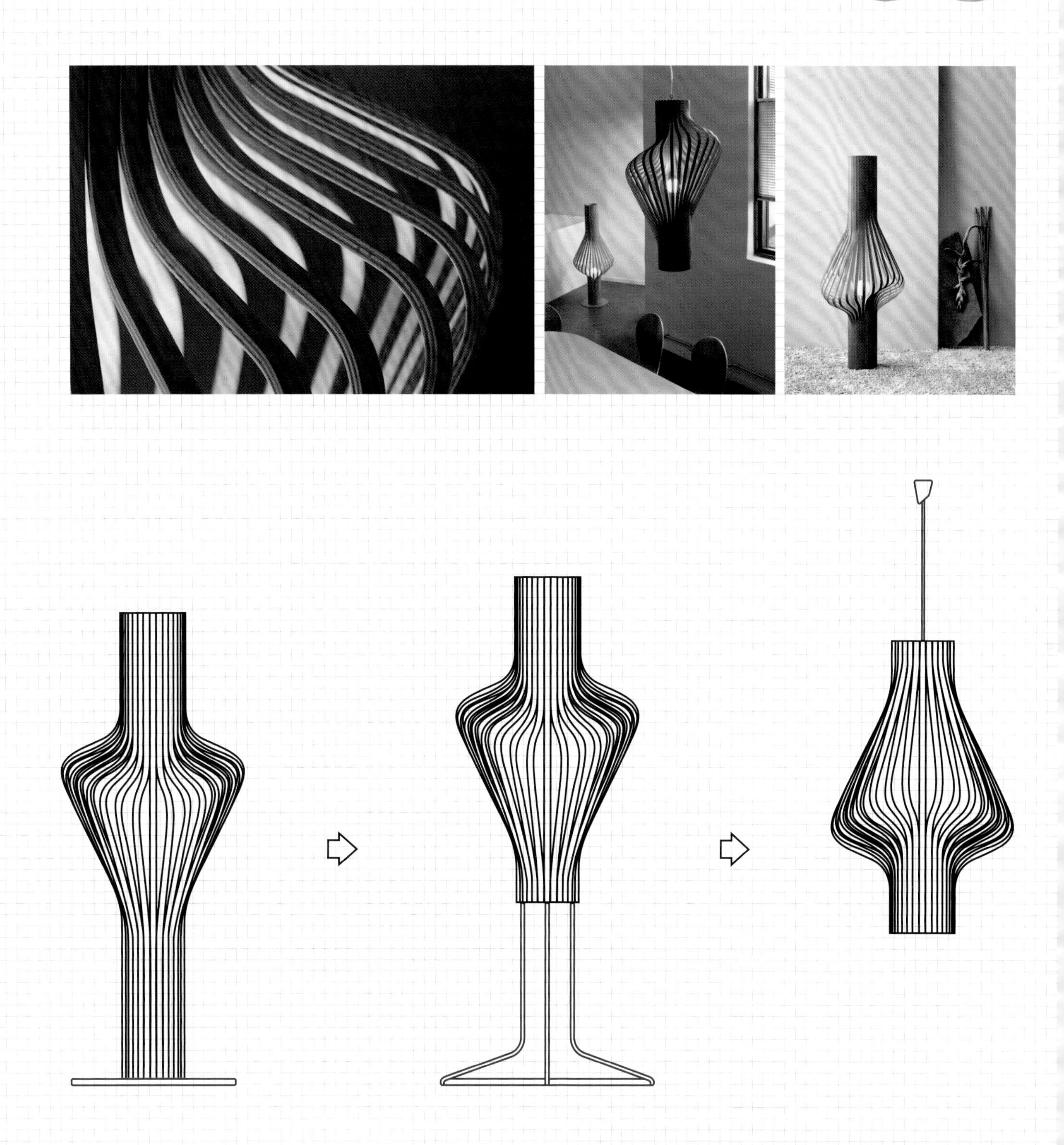

Northern Diva Lamp 系列灯具

BROKIS BALLOONS 热气球玻璃灯具系列

国　家：捷克
设　计：Lucie Koldova & Dan Yeffet
品　牌：Brokis
时　间：2010 年
材　质：玻璃、金属
尺　寸：（L）圆直径 607mm × 高 850mm
　　　　（M）圆直径 428mm × 高 600mm

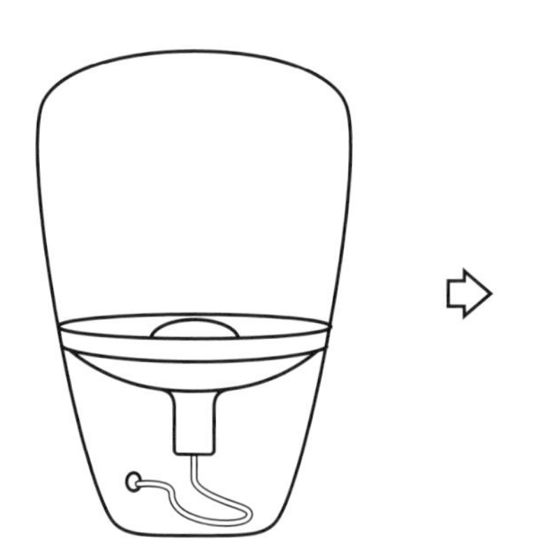

这款灯具是Lucie Koldova与Dan Yeffet 合作的作品，2010年首次发表于国际设计节Designblok，并获得最佳灯饰设计奖。设计的概念是金属材质和吹制玻璃的结合，灯罩玻璃体由捷克玻璃工匠制成，从吹制玻璃到塑形，为了制作高品质的玻璃工艺品，工匠们挑选素材，并依照素材的特性及形状加以分类组合。同时除了要熟知素材原料的运用、各式吹制及木作工艺外，具备立体性的结构概念也相当重要。所以，最终呈现在消费者与使用者眼前的，更像是一件具备照明功能的玻璃工艺制品。

可以看到，这款灯具除了具备热气球上升的主体视觉表现外，其视觉重点还在于通透玻璃灯罩之内的金属灯座，其金属与玻璃两种材质的质感反差带来强烈的装饰性美感。灯具内的灯座部件被巧妙地设置在了灯具上下两块灯罩分体衔接的位置，同时在衔接处外侧内凹收口区域，设计有一环形窄边金属框条作封边成腰身设计。灯体的电线线路在玻璃罩下部直接裸露，看似随意，但结合整体却具备了点、线、面的构成视觉效果。主体中，上部玻璃灯罩大面积留白，只在下部玻璃灯罩内保留结构视觉信息，形成了产品整体设计语言中视觉表现层面的疏密对比，加强了整个灯具设计的层次感。

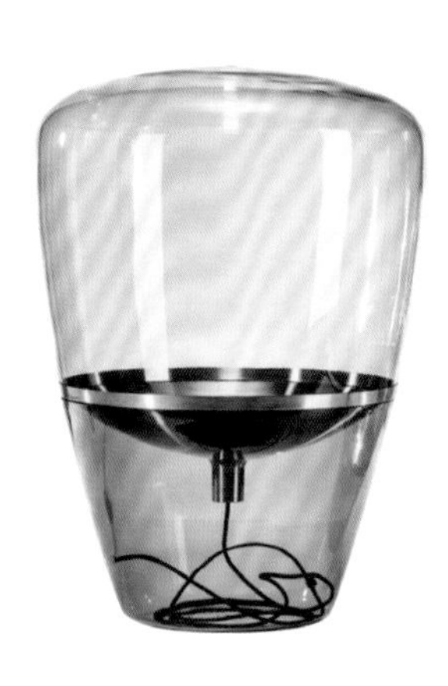

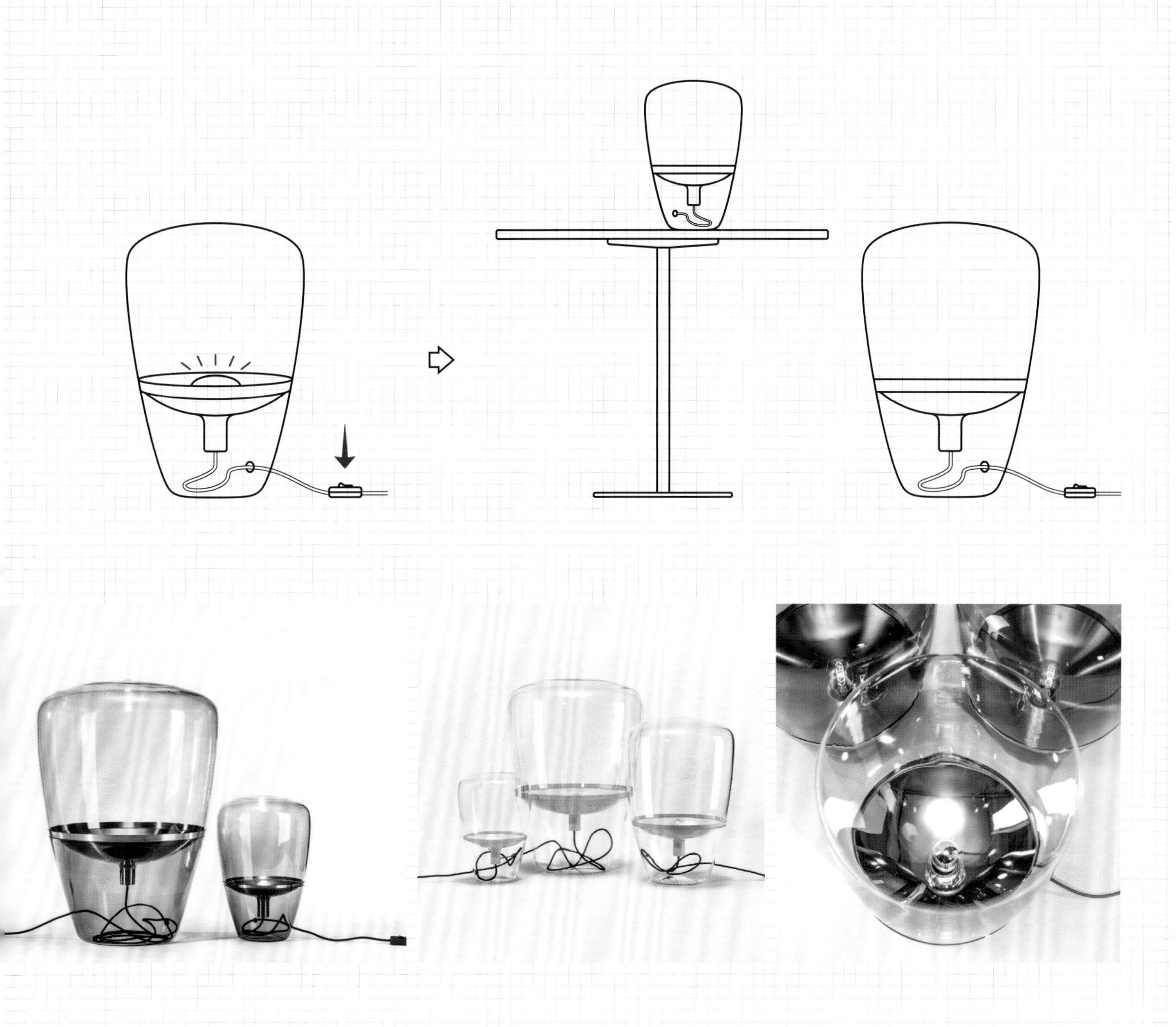

BROKIS BALLOONS 热气球玻璃灯具系列

看懂设计：现代家居产品设计案例解析41

Stelton EM77 啄木鸟真空保温壶

国　家：丹麦
设　计：Erik Magnussen
品　牌：Stelton
时　间：1977 年
材　质：不锈钢、ABS、玻璃、硅胶
尺　寸：圆筒直径 105mm　总宽 160mm　高 300mm

这是一款保温壶产品的设计，在保温功能的基础上于视觉层面做了更多的设计考虑。造型元素表现中，产品轮廓线条简单流畅、干净利落，看似只以柱形几何体形态构成壶身主体，但在整体外形中可以看出有鸟类形态的造型表达，其壶嘴、按钮、手柄分别对应着鸟嘴、眼睛与翅膀的抽象形象。同时，因为壶嘴与壶身尺寸的微妙设定，形成特定身形比例的造型特征，使之在鸟类形态里表达出了更接近于“啄木鸟”形态的视觉符号。需要学习的是，这件产品的形态设计语言中，拟物度的把握比较合理，概括提炼了拟物对象的外形特征，把拟物形态的特征元素转移到保温壶的主体造型中，造型表达不生硬，较为自然。

让消费者、使用者能够看懂这件设计，能够理解设计师在这件产品形态上传递的视觉信息，产生产品视觉体验的共鸣，关键在于设计师与消费者、使用者彼此在视觉形态的阅历及经验上的信息碰撞，这需要设计师将自己脑海里的视觉形态信息去做选择与提炼，找到与消费者及使用者能够搭建视觉信息“桥梁”的形态元素。所以，产品的造型设计可以天马行空，但也需要建立在一个设计目标（例如一类特定人群）的认知理解范围中去展开。

值得一提的还有产品壶盖的结构设计。壶盖呈滑盖的形式，滑盖利用浮力，在倾倒时保持水平位置不变，同时因为壶身侧倾产生角度开启出水通道，反之壶身直立时自动闭合，无须人手操作开关。这是从使用者行为角度做出的设计考虑，提高了使用效率，增强了设计体验。此外，因为这个倒水往复的动作与“啄木鸟”啄击树木的动态颇为相似，又进一步加强了造型形态中鸟类的特征，可谓设计巧妙且有趣。

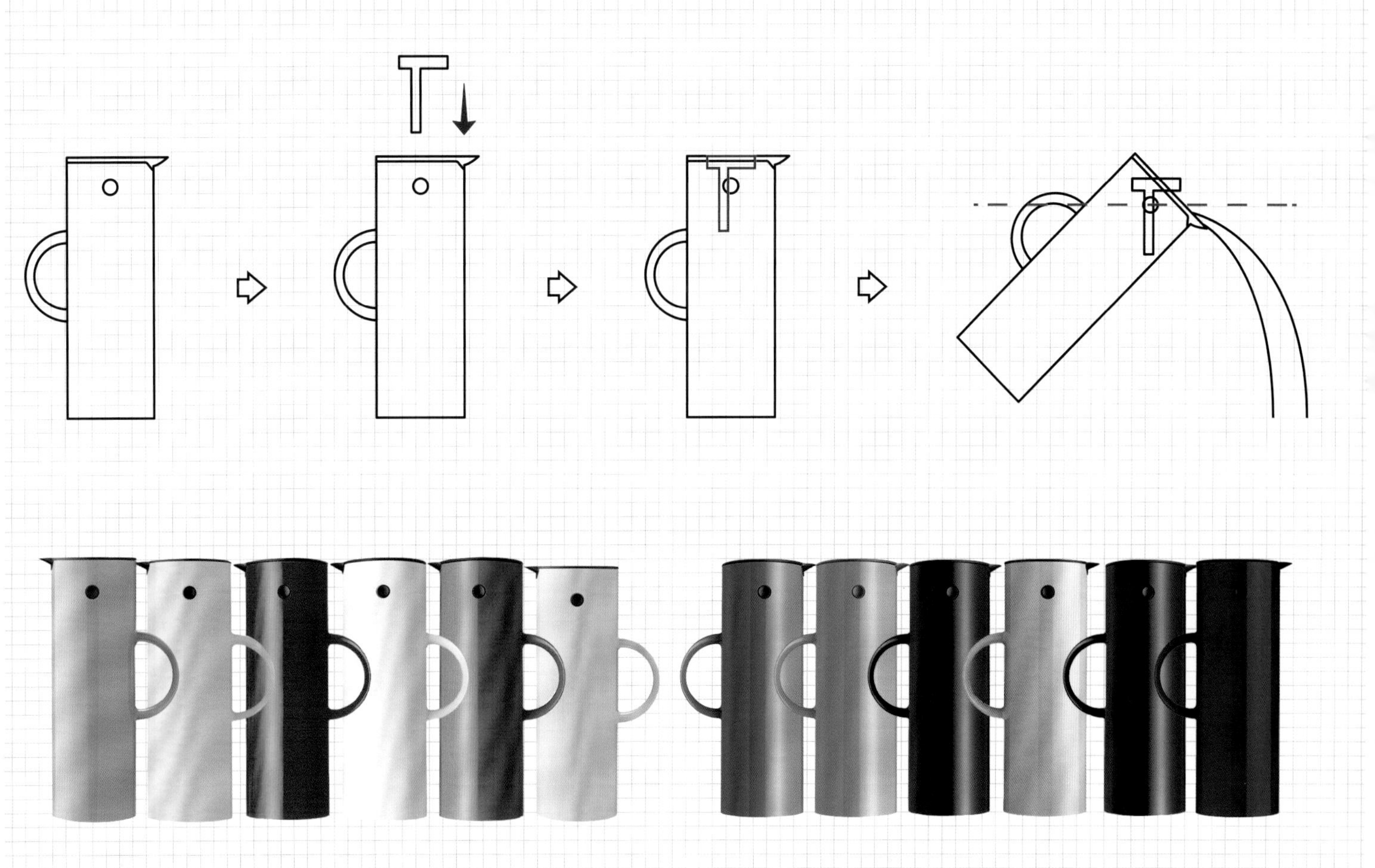

Stelton EM77 啄木鸟真空保温壶

看懂设计：现代家居产品设计案例解析 42

KINTO 滑盖式茶滤器

国　家：日本

设　计：TENT（治田将之 & 青木亮作）

品　牌：KINTO

时　间：不详

材　质：不锈钢、ABS、树脂

尺　寸：过滤器 35mm × 16mm × 130mm　支架 50mm × 33mm × 30mm

这是一款泡茶器设计。泡茶行为所涉及的器具数量和操作步骤，会依据饮茶人群定位的不同与行为所在空间定位的不同而产生变化。这款产品的定位，区别于传统茶道文化背景下茶器较多且操作较繁复的应用场景，更倾向快节奏的饮茶行为以及对场景转移便携性有要求的目标人群。

这款产品造型与结构的设计点在于带茶滤功能的泡茶器自身的滑轨结构，泡茶器主体是一个储茶器与滤茶器的整合体，通过滑轨结构，其盒体带滤孔的顶盖可以沿轨道上下移动变换打开与闭合两种状态：上滑打开时，泡茶器主体就具备了“兜”“舀”的行为可能性，可以直接把器具插入茶叶罐，兜舀一勺茶叶；下滑闭合时， 泡茶器主盒体封闭，就变成了茶包的形式，放入杯中，倒入合适温度的热水，即可以产生简易的泡茶功能。同时，茶叶及茶渣因为被盒体封闭的关系不会落入杯中，被热水浸泡的茶汁仅从盒体正反两面的滤孔渗出。饮茶时，从杯中取出泡茶器即可。饮茶完毕，对泡茶器做清洁打理时，上滑开盖，倒出茶渣，淋水冲洗。这一整套饮茶过程中所经历的行为动作，包括舀茶、泡茶、倒茶及最后的清洗，都是一气呵成，简化了茶器的使用方式，减少了饮茶行为的步骤，缩小了茶器的尺寸，带来了空间收纳的可能性，做到了便携的要求，提高了器具使用的效率。可以发现，这款泡茶器是从特定人群行为表现的目标出发，展开了涉及造型、结构、材质以及尺寸等一系列设计元素上的设计考虑。

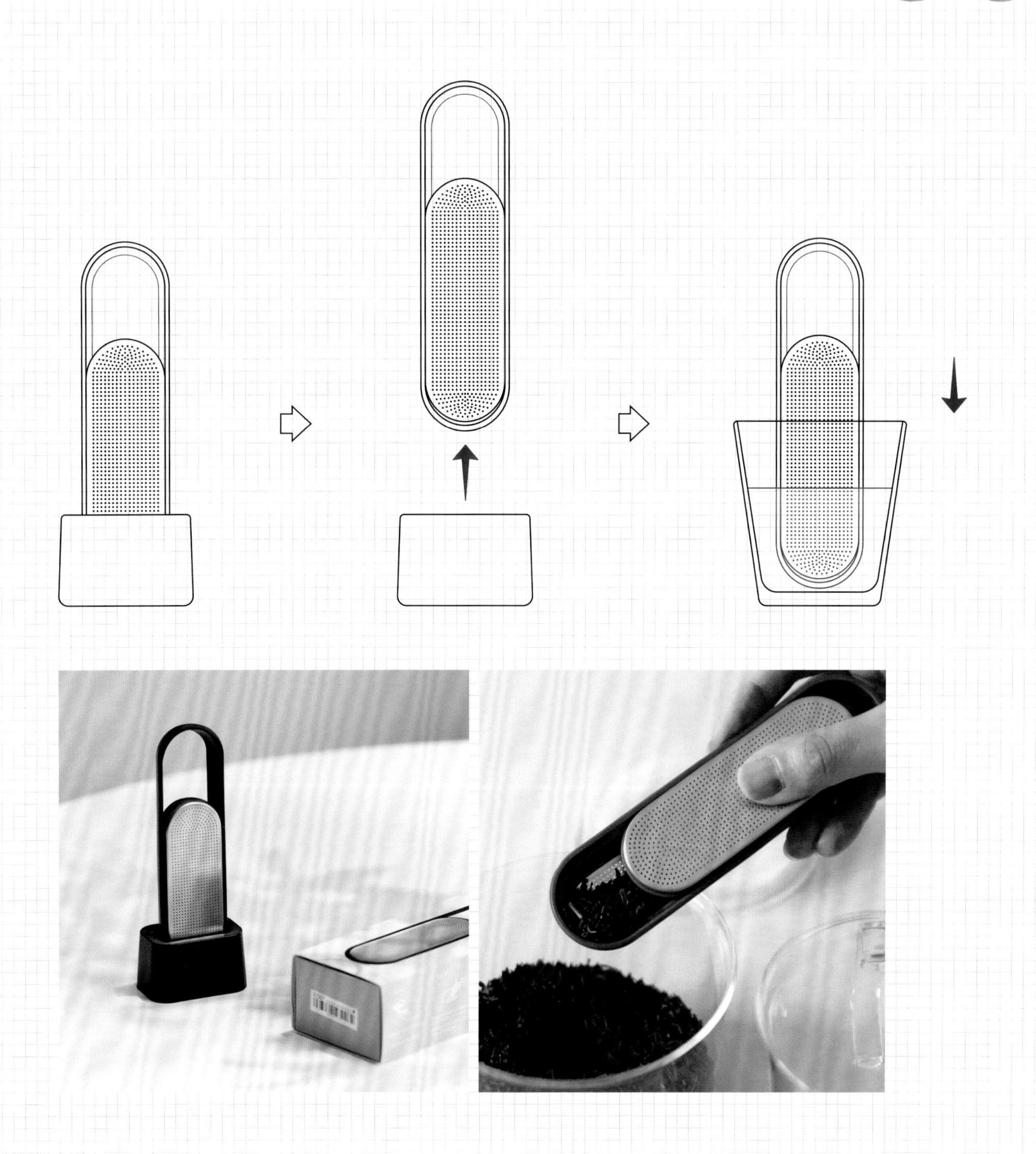

KINTO 滑盖式茶滤器

看懂设计：现代家居产品设计案例解析43

AOZORA Baby Color 可堆叠儿童安全蜡笔

国　家：日本

设　计：Buncho

品　牌：AOZORA

时　间：2011 年

材　质：颜料（着色剂）、聚乙烯、碳酸钙、液体石蜡、石蜡

尺　寸：（单支）圆球直径 32mm × 高 55mm

这是一款适合幼儿使用的儿童涂鸦蜡笔设计。有别于常规蜡笔的柱形形态，这款产品在造型设计上考虑了幼儿这个特定人群的行为能力与行为特征因素。

行为能力是指幼儿拿捏蜡笔工具并进行涂鸦动作时，对蜡笔的控制能力。常规蜡笔需要幼儿以三指（食指、中指、拇指）“捏住”蜡笔柱形笔身进行控制，而这款蜡笔因为前端锥形尾端球形的造型设计，可以让幼儿使用五指与手掌“握住”蜡笔，以整个手部的协调动作进行控制。这个年龄阶段的孩子使用五指更容易把握蜡笔涂鸦时图形表现的准确度。同时因为蜡笔尾端球形形体与幼儿手掌的贴合度，使得幼儿可以更好地进行力量的控制，在涂色时，手指的疲劳可以相对释缓。另外，这个造型表现可以使蜡笔的结构强度更大，不容易产生因为幼儿错误用力而折断笔身的情况。所以，在造型上进行这样的设计改良，是在产品使用的考虑中放宽了对于幼儿行为能力的限制和要求。

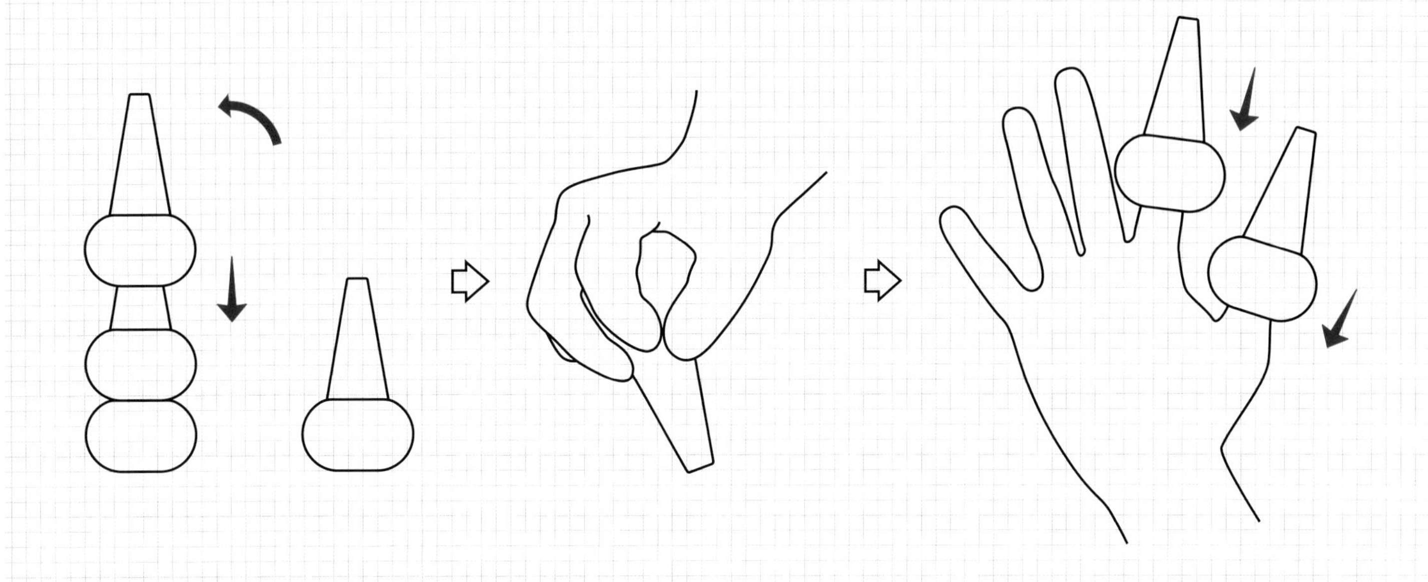

而从行为特征上讲，对幼儿进行行为调研时会发现，幼儿对于蜡笔并没有太多“工具”上的概念，而是更倾向于将其理解成“玩具”。既然是“玩具”，那幼儿就会对蜡笔提出绘画工具以外的“玩”的要求，做出“玩”蜡笔的行为。这款蜡笔的球形尾端底部设计成中空开放式，并且在符合幼儿人体工程学尺寸元素的设计考虑下，做到允许幼儿在不伤手指的安全前提下把蜡笔套在手指上，产生衍生行为，与蜡笔产生更多的互动，例如识数、辨色、拟物联想等。另外，大部分幼儿的行为特征中有一共同点是使用工具及玩具后，缺乏“收纳还原”的行为表现。普通圆柱形蜡笔在台面上很容易滚动，收纳需要借助工具盒，而这款蜡笔可以直接立于台面，且蜡笔前段锥形形态可以插入扁球形尾端底部的空洞，进行层叠式收纳。收纳方式的改变，使蜡笔在收纳过程中形成塔形造型的变化，能吸引幼儿注意，产生收纳的兴趣，某种程度上讲，是一种引导幼儿养成收纳习惯的设计考虑。

看懂设计：现代家居产品设计案例解析 44

Moneky Business Lid Sid
小人锅盖防溢蒸汽释放器

国　家：以色列

设　计：Luka Or

品　牌：Monkey Business

时　间：2012 年

材　质：硅胶

尺　寸：480mm × 220mm × 450mm

这是一款家居厨房空间中锅具配件产品的设计。从功能定位的角度来讲，这类产品的出发点在于解决锅具使用情景中的一些问题，例如：煮东西的时候，锅内汤水沸腾了，但还需要继续烹煮，为避免溢出来的情况，通常会打开锅盖出气，但又不需要完全打开。这种情况下，用户需要一款锅具配件完成小角度开盖的工作。

造型设计上，这款配件以动态卡通人型作为形态表达，使配件在富有趣味性的同时还释放了家居环境下用具的工具感。人型背部拱起的身形动态，使产品具备插在锅体口沿上的可能性，同时，拱起的角度与高度匹配锅盖一端开启角度与高度的尺寸要求；色彩考虑上，配件采用了红色与白色的整体配色，有别于一般锅具的深色配色习惯，白色与红色在与深色搭配时更为醒目，具有提示提醒的作用，让使用者能关注到锅具及配件的使用状态；材质选择上，配件使用的是食品级硅胶，对食物的安全性要求做出了响应，同时材料本体在高温下不易吸热导热，使用者从锅体上提取配件时不易造成手指烫伤的问题，考虑了使用行为的安全性因素。

Moneky Business Lid Sid
小人锅盖防溢蒸汽释放器

看懂设计：现代家居产品设计案例解析45

Meridian lamp 子午线灯

国　家：克罗地亚
设　计：Regular Company
品　牌：Ferm Living
时　间：2018 年
材　质：涂层钢
尺　寸：不详

这是一款以造型与结构作为设计卖点，将装饰性视觉效果与照明基础功能相结合的灯具产品设计。

产品的造型设计利用简单的几何元素表现。底座、灯杆、灯罩分别运用了柱形、圆弧与锥形的形态特征，构成简洁、纯粹的雕塑美感。结构考虑中，弧形灯杆可以通过底座进行圆弧轨迹滑动，随之形成光源角度与功能的变化。当灯具光源通过灯杆位移变成角度朝下方趋势时，灯具以带明确指向性光源的照明台灯形式呈现，反之，当灯具光源位移成角度朝上方趋势时，灯具以环境辅助光源的形式呈现。色彩方案上，灯具设有黑白两色，配以暖色灯光光源，造成冷暖对比，形成视觉表现上的节奏。

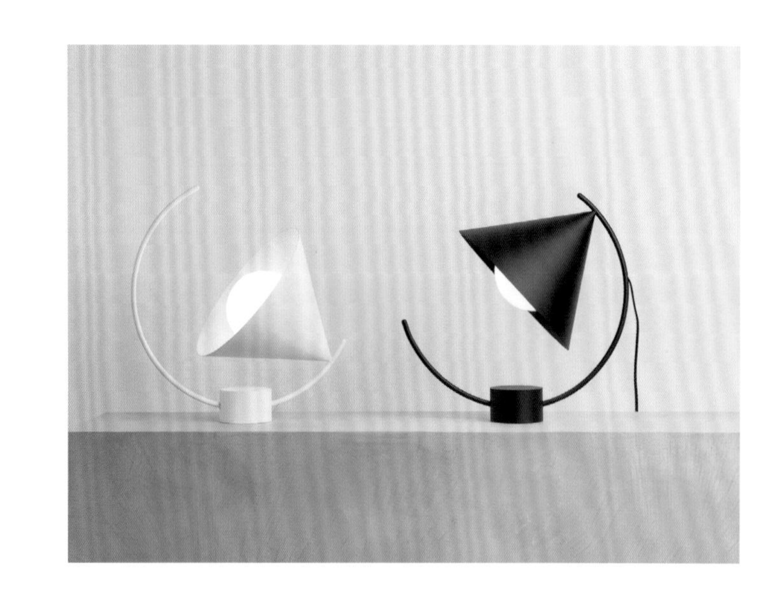

值得一提的是，这款灯具看似以外形作为吸引消费者关注的卖点，其实操作行为才更是给使用者带来正面体验评价的核心内容。灯具的操作行为表现只有沿轨道滑动一个动作，操作的目标与结果只取决于滑轨行程的长短，没有多余的、复杂的其他行为动作需要使用者去考虑。也就是说，这款灯具不但造型简洁纯粹，连带操作方式也都是同一类设计特质下的表现。视觉与功能表现整体协调统一，干净利落，一气呵成。

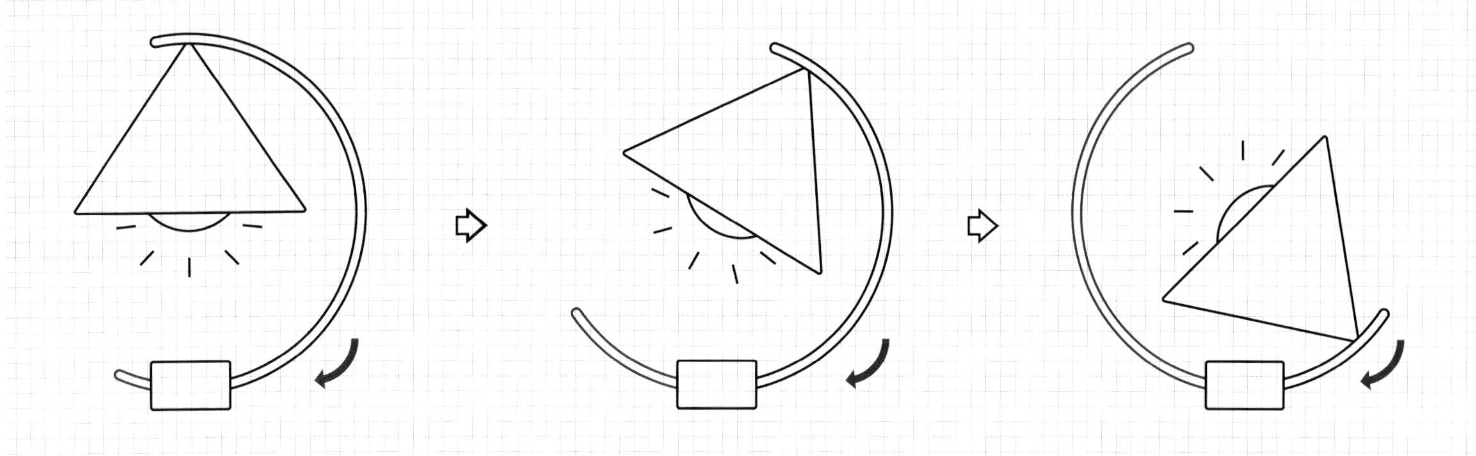

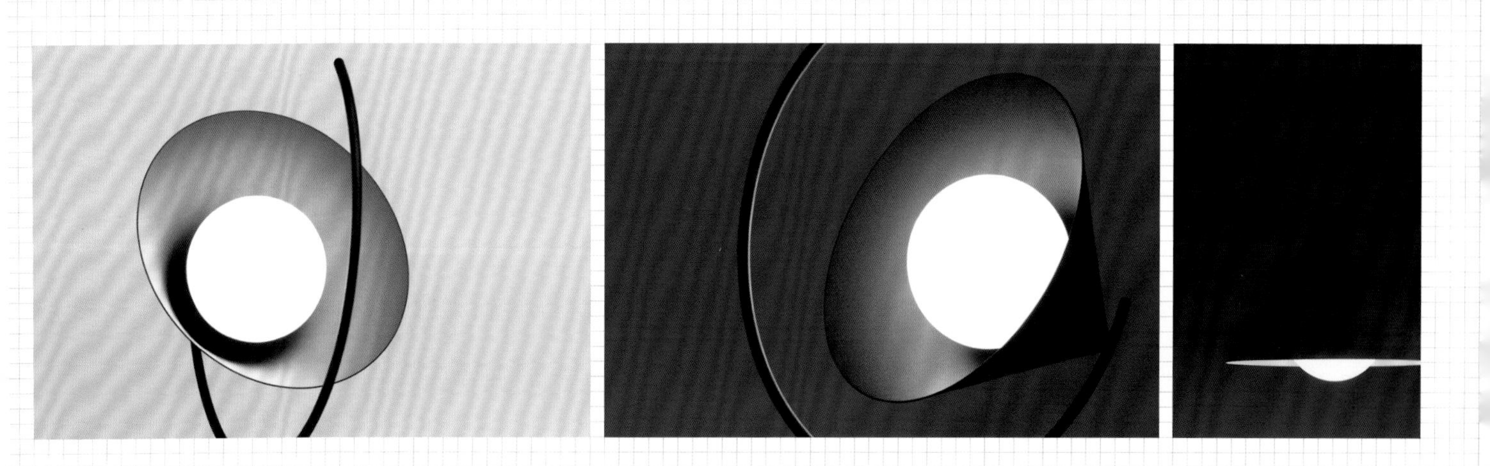

Meridian Lamp 子午线灯

看懂设计：现代家居产品设计案例解析46

UKI HASHI 悬浮筷

国　家：日本

设　计：Mikiya Kobayashi

品　牌：+d（Plus-d）

时　间：2007 年

材　质：PBT

尺　寸：18mm × 222mm × 12mm　16mm × 175mm × 11mm

作为一款餐具产品设计，这副筷子找到了用户使用行为的痛点。通过研究使用行为可以发现，筷子在餐饮场景里有置放的需求，搁置在筷架、碗沿、碟口等餐具产品之上，即筷子的常规置放行为在考虑餐具卫生的前提下，需要与其他餐具产品形成组合动作。这款筷子产品设计的出发点在于试图跳脱这个固定行为习惯的框子，在筷子本体上做形态的改变，在造型元素与尺寸元素中设计筷体前后端由窄到宽，由薄到厚的变化。使筷子能够做到利用其自身后端宽体部位搁置在台面上的同时，与筷体前端接触食物的部位形成高低落差，使其自然悬空于台面之上，不会与台面发生接触。

这样的细节设计，使筷子置放可以不再依赖于其他餐具产品，无论是在用餐前对于筷子的摆位置放，还是在用餐行为中途筷子的临时置放，使用者都能够对筷子做到符合心理预期的行为表现。同时，这款筷子因为不是细圆杆造型设计，其落地面的切面形态又使之不会在台面上随意滚动。这都是在对使用者在家居餐厅场景中使用行为调研得出的结果基础上做出的设计考虑。可见，产品的设计定位应按照用户行为习惯的真实需求为出发点展开，以这个目标进行的设计才能达到改善使用方式、解决实际问题的设计目标。

97

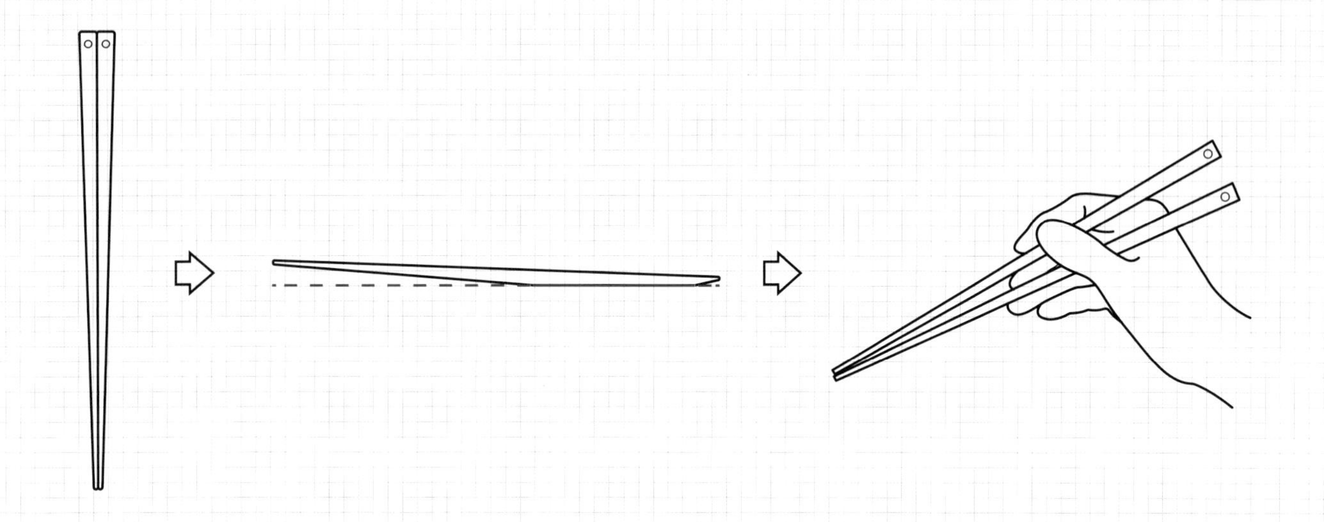

UKI HASHI 悬浮筷

看懂设计：现代家居产品设计案例解析 47

Kudamemo fruit-shaped sticky notes 水果便笺

国　家：日本
设　计：Masashi Tentaku
品　牌：D-BROS
时　间：2009 年
材　质：纸
尺　寸：45mm × 104mm

这是一款便笺产品的设计，其造型元素中视觉形态上的设计表达占整体设计的很大比重。可以看到，此便笺产品没有以常规便笺本的形式呈现，而是把便笺本便笺纸张堆叠层积的特征以水果切片的形态进行形态语义的传递。把便笺本纸张层叠的效果与水果切片加工的造型产生联想是有趣且生动的，也使得单张便笺的扯取行为更为便利。这种具象的水果造型表达减少了便笺本文具特征的用具感，增加了产品的亲和力，在便笺用于文字信息记录工作的基础上还能提升环境空间的视觉效果，营造心理层面舒缓轻松的氛围。更为巧妙的是，此款便笺产品的包装也是遵循水果包装的形式，进一步加深了消费者在视觉形态上对水果形态的认知和感受，让产品更具趣味性，增强了消费者的购买欲。

99

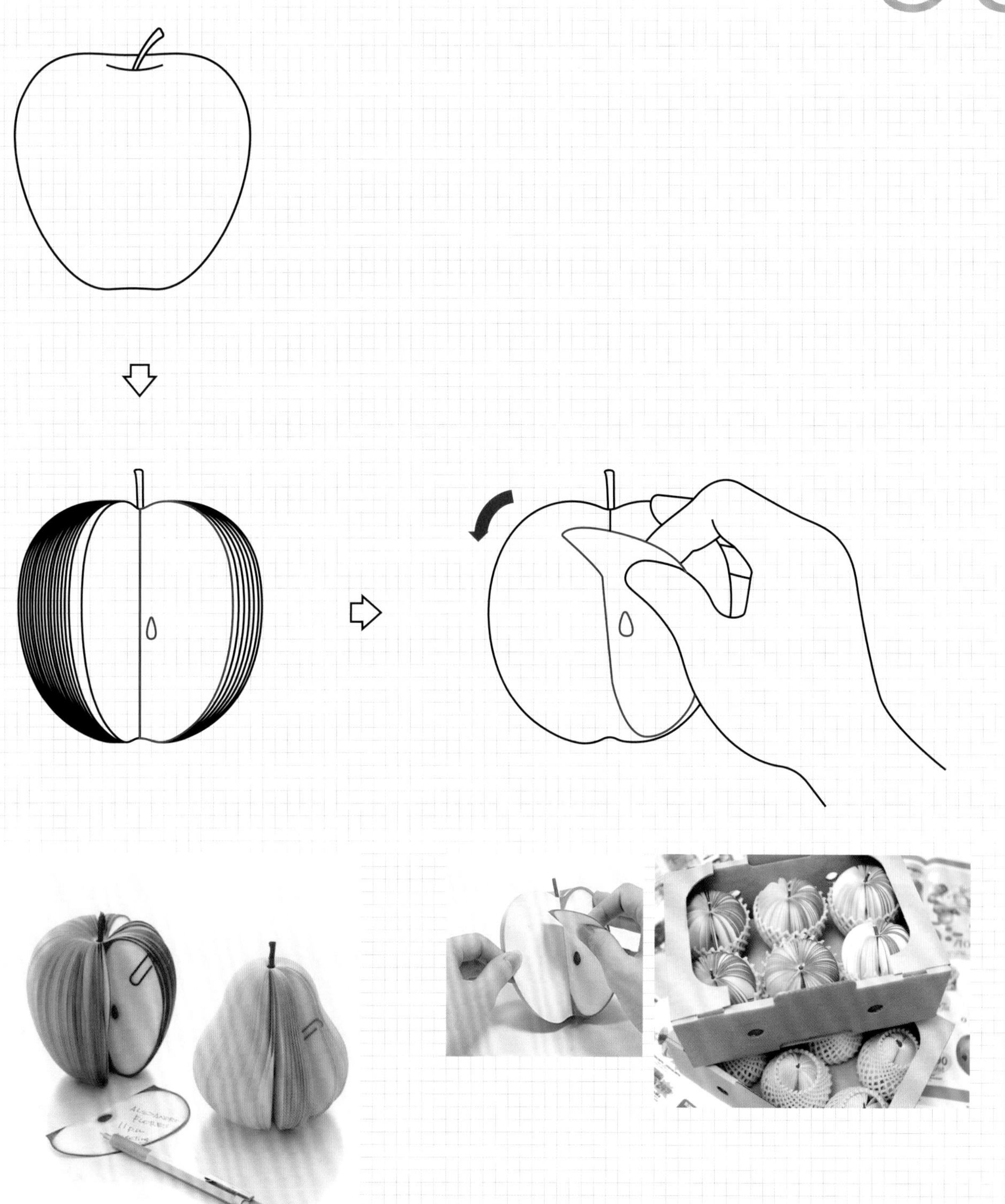

Kudamemo fruit-shaped sticky notes 水果便笺

看懂设计：现代家居产品设计案例解析48

Jumbo Jr. Faucet Fountain 小象水龙头引流器

国　家：以色列
设　计：Ori Niv
品　牌：PELEG DESIGN
时　间：2018 年
材　质：硅胶
尺　寸：80mm × 10mm × 55mm

这是一款引流器产品设计。人群定位是低幼年龄层，身高臂长与成人标准卫浴面盆尺寸不匹配，不易接近水龙头，但需要进行自主洗漱行为的儿童人群。空间定位在家居卫浴空间内涉及面盆、水龙头等产品的湿滑空间场景。行为表现体现在儿童洗漱时与面盆和水龙头的互动过程中，以不自然的身形前倾姿态进行不符合人体工程学的洗漱行为。

以儿童人群洗漱行为时的身体能力范围为研究目标，可以发现产品设计的立意在于通过此类产品，辅助儿童在按照成年人身形体态尺寸标准布置的卫浴空间中，进行符合自身身形体态能力的安全有效的行为动作。

产品的功能设计表现在通过此款产品，可以对水龙头流出的水进行引流，拉近与儿童的距离。造型上要考虑到儿童人群的心理接受度，减轻引流器的工具感，以卡通形象的动物造型作为形态视觉表现，加深产品与儿童人群的亲近感。同时，其小象的造型元素中象鼻的形态语义符合引流器的功能表现，具有“喷水”的信息特征，能够使儿童第一时间理解象鼻造型与结构的意义，产生直觉式的交互体验；尺寸上考虑到儿童人群的手部尺寸，设计成能够单手握持的尺寸；材料上应用的是硅胶，具有防水防滑的基础功能。

101

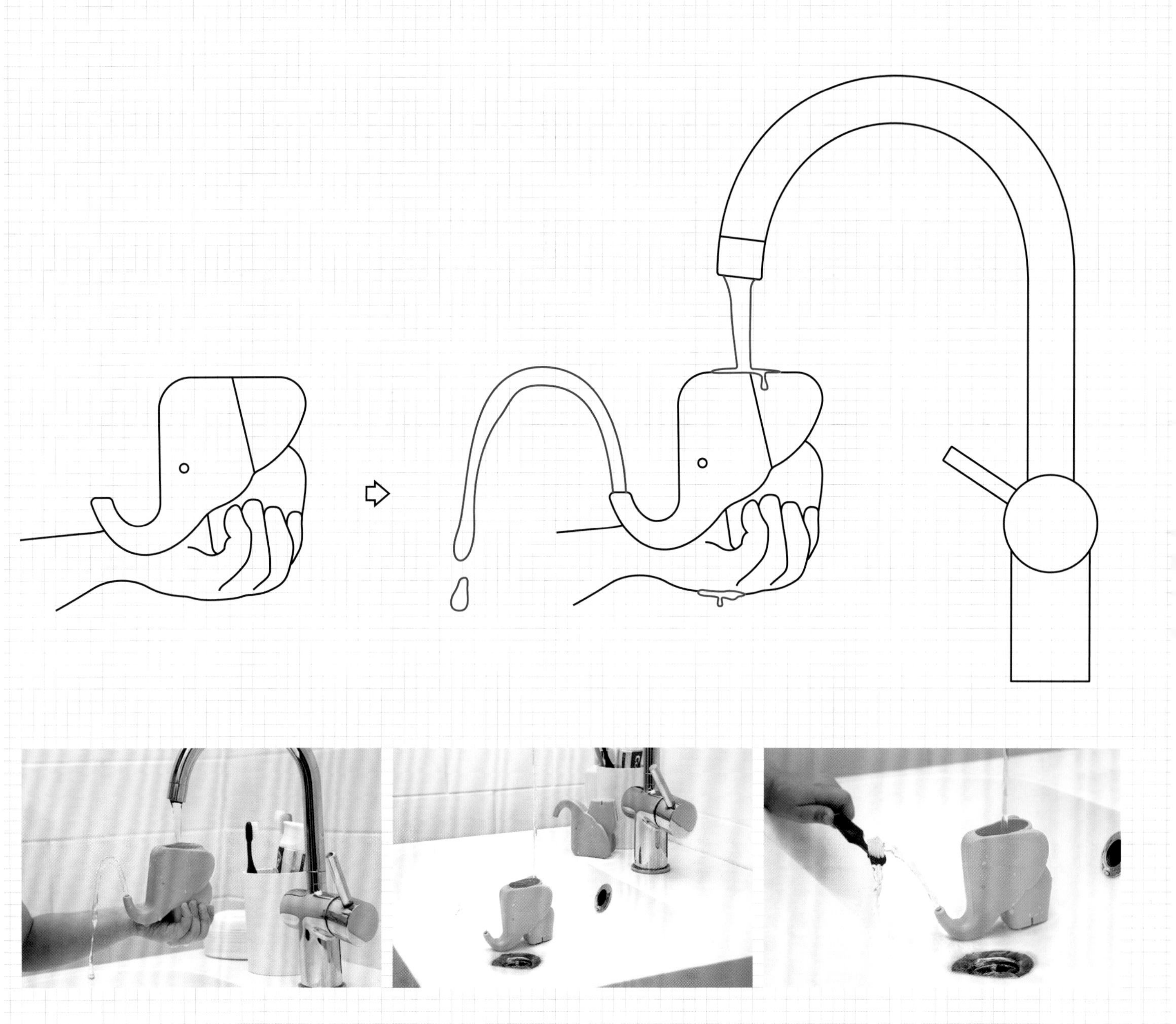

Jumbo Jr. Faucet Fountain 小象水龙头引流器

看懂设计：现代家居产品设计案例解析49

Sheep Cable Holder 绵羊电缆支架

国　家：日本

设　计：Hiroshi Seki

品　牌：+d（Plus-d）

时　间：2015 年

材　质：PE

尺　寸：（S）60mm × 40mm × 12mm　（L）80mm × 50mm × 15mm

这是一款具备线缆整理功能的理线器产品设计。针对有线耳机线缆容易缠绕打结的问题，市场上出现了众多理线器产品。这款产品通过形态语义表达造型设计元素，以动物“羊”的形态作为产品的主体造型，利用线缆缠绕在产品之后形成“羊毛披附于身”的视觉形态语言。将羊嘴部的造型加以利用，成为固定线缆的结构点。产品整体形态最终表达的是羊嘴衔住耳机的造型效果。产品本体尺寸较小，方便随身携带，配合耳机线整理使用，符合产品应用场景定位。

103

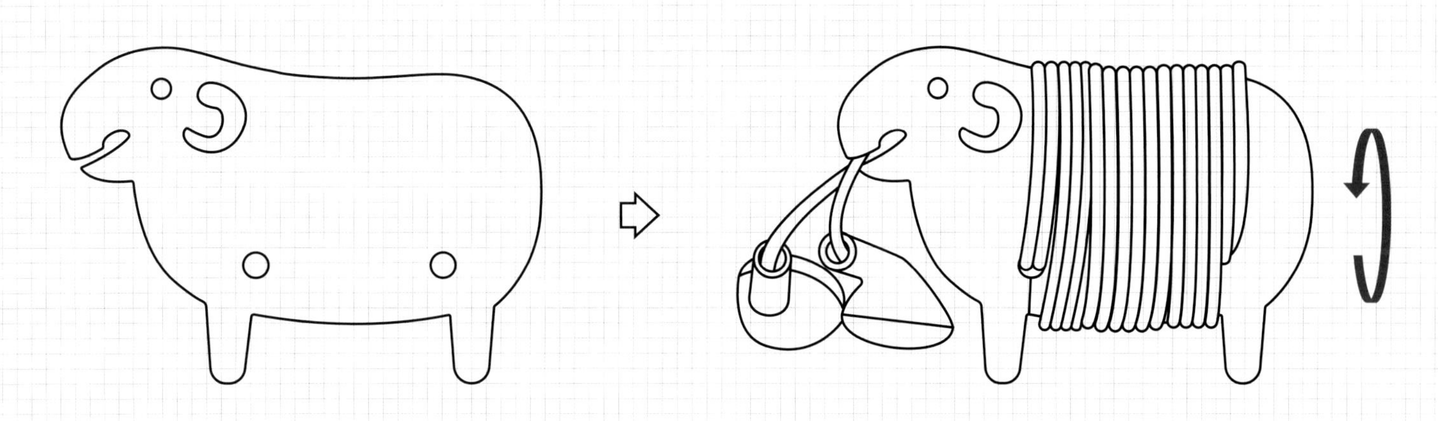

研究产品可以发现，产品设计展开之前的定位思考尤为重要。首先，动物形态的造型设计目的在于减弱用具的工具感，同时也能加深使用者对于产品的视觉印象，其缠绕线缆的行为结果能够产生新的视觉形态，提高了产品使用的趣味性。其次，产品的尺寸把握建立在理线器对象的尺寸数据基础上，对产品使用的应用场景进行了分析和判断，以易收纳易携带为出发点展开的设计加强了产品功能性的表达。

看似简单的设计，其背后所思考的问题以及设计所表达的意义是不能以产品体量来衡量的，设计表现是否需要“用力”以及“用多少力气”，都是设计师针对具体设计目标定位后权衡斟酌的产物。

Sheep Cable Holder 绵羊电缆支架

Guzzini Zero 保鲜饭盒

国　家：意大利

设　计：Carlo Viglino

品　牌：Guzzini

时　间：2017 年

材　质：PP、树脂

尺　寸：圆球直径 168mm　高 144mm

这是一款便携的保鲜饭盒设计。作为移动场景使用需求下的饭盒产品，需要考虑盒器内食物及餐具分类置纳的空间设计、盒器内各个器具部件的收纳表现以及饭盒本体与使用者在携带移动行为上的互动方式。

这款饭盒产品以球体形态作为造型主体，无论是手提携带或是置入包内、袋内携带，都减少了产品本身对于空间的要求和限制。球体顶端及底部分别做了切面造型，使饭盒底部形成平面，具备了稳定置放于台面的可能性，而顶端的切面内还有曲面凹陷的设计，把手提饭盒时手部的空间因素考虑了进去。球体中做隔断分层，设计出多个食物及餐具的置纳空间，通过饭盒整体的标准球形形态引导，使用及整理餐盒时能够做到条理有序，提高行为的效率。

以上设计点都是出于使用者在众多常规饭盒的使用体验基础上得出的设计线索。产品设计开发中，对于设计元素的选择运用取决于对产品使用角度上的理解与判断。在产品设计中，关于人的因素的设计表达占很大比重。以功能主导造型、以功能带动结构，是比设计展开时第一时间去决定外形更为合理的探索与思考。

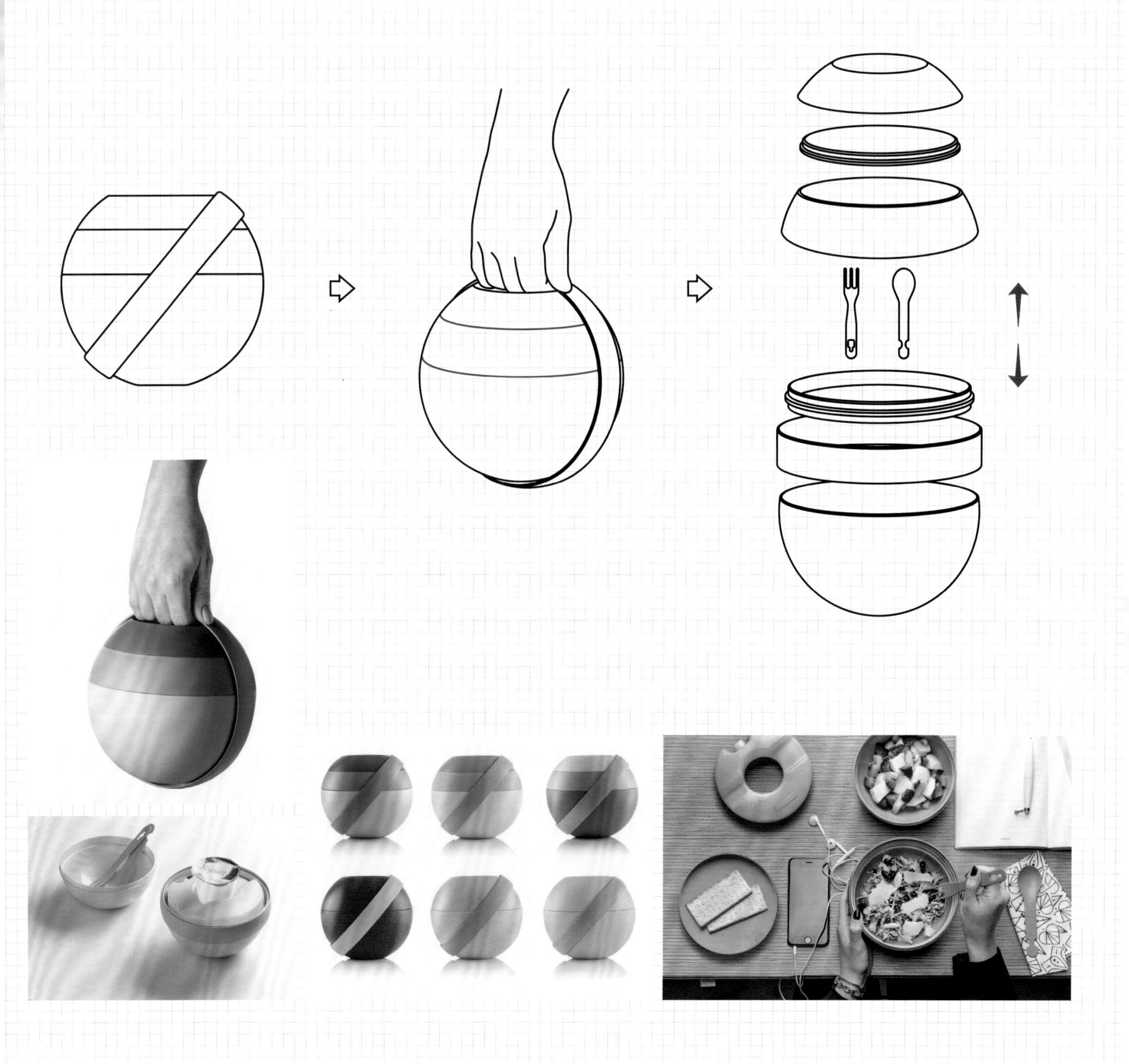

Guzzini Zero 保鲜饭盒

看懂设计：现代家居产品设计案例解析51

Splash Mini Umbrella Stand 迷你雨伞架

国　家：日本
设　计：Yasuhiro Asano
品　牌：+d（Plus-d）
时　间：2000 年
材　质：合成橡胶
尺　寸：（迷你）120mm × 120mm × 96mm　（标准）157mm × 142mm × 96mm

这是一款雨伞收纳装置设计。在家居场景中，雨伞的收纳置放涉及空间占用问题。与商业环境不同，家居中设立伞撑支架过于显眼，且占地面不小，对于使用频率受到季节与天气变化而影响的雨伞来说，其收纳装置也同样需要解决未被使用时的收纳置放问题。同时，鉴于家居场景的特定性，收纳装置的材质及颜色需要考虑家居氛围的视觉要素，以此做到一些基于特定空间定位的针对性设计。

这款产品从雨伞收纳置物的功能角度出发，首先在造型元素中，提供了多伞体伞头插入设定，并且完成了通过装置沥水及底部集水的整体框架；其次在尺寸元素中，满足了雨伞插入装置时伞头的横向与纵向空间需要，以及承载时重心高度稳定性的要求；然后在材料元素中，应用合成橡胶材质，以满足雨伞使用后进行置放时的防水性需求；另外在色彩元素上，表达了低纯度高明度亮灰调子的颜色节奏，在融于家居氛围的同时，做到视觉表现不会过于突兀。

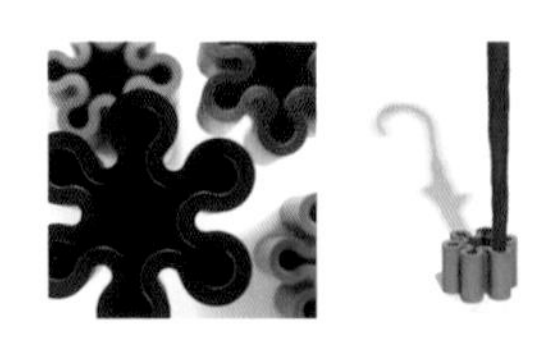

产品整体体量小巧，不占用过多空间，出现在场景中自然协调，可以做到便利地自身收纳和按需使用。

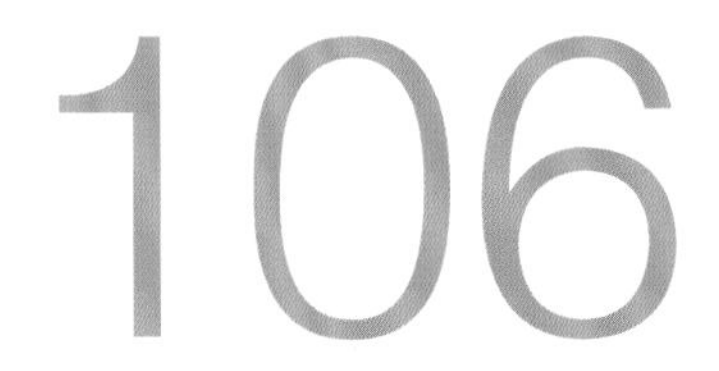

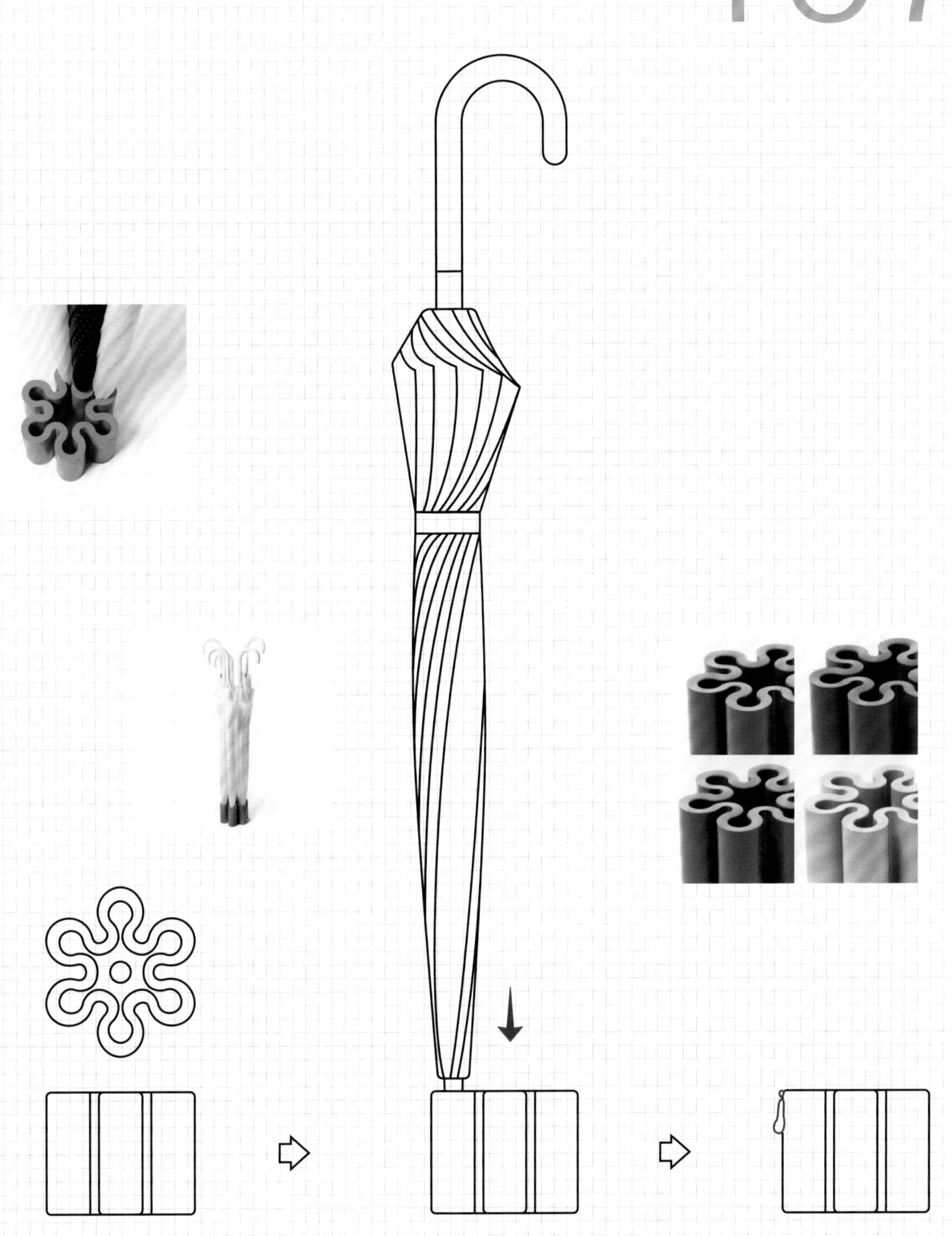

Splash Mini Umbrella Stand
迷你雨伞架

看懂设计：现代家居产品设计案例解析 52

Roberope 悬挂衣架

国　家：德国
设　计：Justus Kränzle & Jan–patric Metzger
品　牌：Roberope
时　间：2012 年
材　质：（内）不锈钢　（外）涤纶
（缎面饰面）精纺　（绳索末端）黄铜
尺　寸：安装高度 3500mm　截面直径 11mm

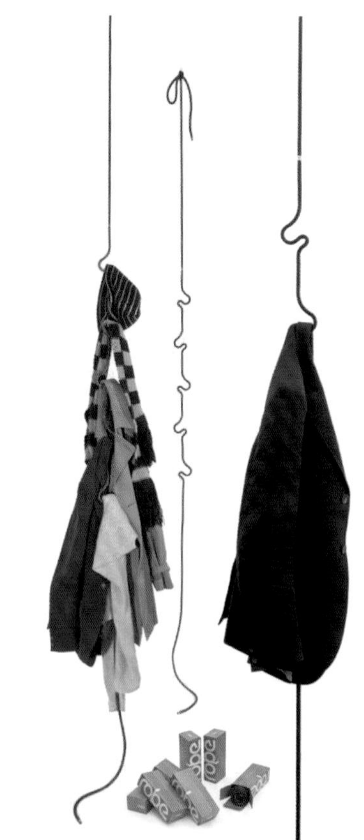

这是一款挂衣架设计。有别于传统挂衣架产品的常规设计，这款挂衣架在造型上并没有出现常见的枝杈式挂架与垂直落地式支撑脚架组合架构的影子。视觉表现上，这款产品是以“一根线条”在纵向空间里曲线变形的动态趋势为基础形成的造型表达。

这样的造型表达除了视觉上的与众不同外，更为主要的设计定位在于缩小挂衣架的使用空间。可以发现，这款挂衣架对于衣、帽、挂包之类的挂载对象的挂载空间是以纵向空间的“线条”为线索，从上往下进行挂载的行为表现，不再对横向空间进行更多的索取。以衣物远离衣架一边的最远端点作为挂衣架使用空间的外围框架，垂直往下落地成型后进行衡量会观察到：挂衣架及被挂载物的整体空间往中心靠拢，大幅缩小了整体空间占比。

同时，普通衣、帽之类的挂载对象可以直接挂载于挂衣架“曲线”形态变化中的“挂钩”造型架构，不再受限于先挂在衣架上才能在衣帽挂架上挂载的要求。其五个可自由活动的挂钩内芯是以不锈钢材料制成，达到了挂载件结构强度的要求；而外壳体材料应用了涤纶精纺，具有一定柔软度又不失缓冲弹性，保证了被挂载对象的面料不受损伤。

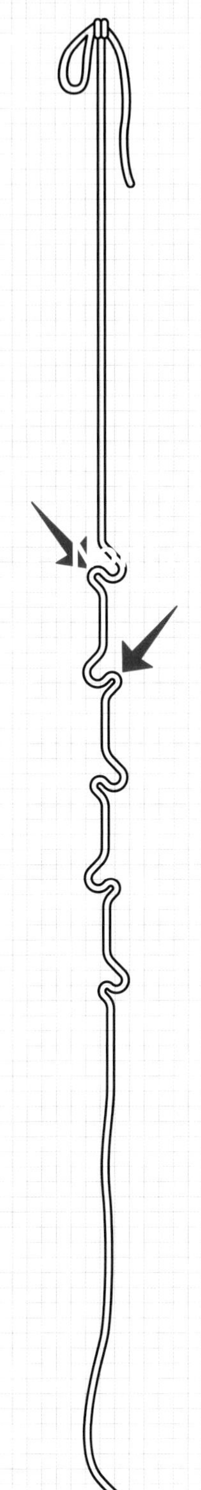

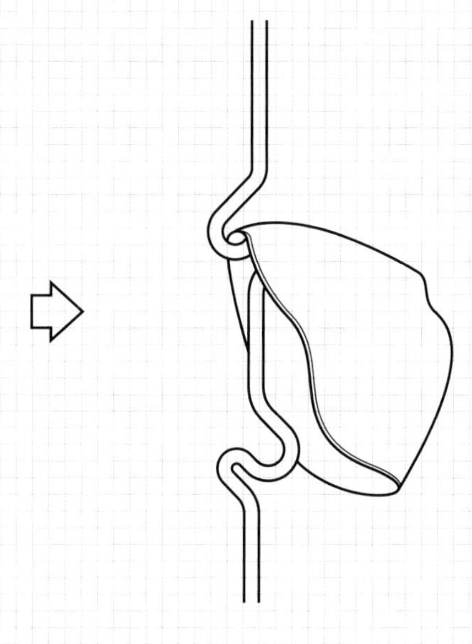

值得思考的问题是，因为产品的造型建立在“一根曲线线条”的基础上，挂载衣物后，其整体的结构强度以及重心高度的稳定性表现上尚有不确定性因素。对于被挂载对象的体量及重量，甚至挂衣架自身所置放的位置都可能有所限制（例如考虑到墙体对挂衣架稳定性的辅助支撑可能性，挂衣架是否需要靠墙置放等）。所以，设计的思考在产品中的表现，有很大概率会在解决一个问题的同时产生新的问题，如何取舍，如何避免，从一开始就要考虑设计的定位是否准确，是否必要。这都对设计师的阅历与经验以及设计态度提出了更高的要求。

Roberope 悬挂衣架

看懂设计：现代家居产品设计案例解析53

Joseph Joseph C-Pump™ 皂液器

国　家：英国

设　计：Chauhan Studio

品　牌：Joseph Joseph

时　间：2013 年

材　质：PP

尺　寸：85mm × 85mm × 190 mm

这是一款洗手液瓶设计，设计的不同之处在于其顶部出液部件的设计。形体上，这块部件被设计成侧置的C形造型，形成了一个可以容纳手部的开放式空间。加上尺寸元素的设计考虑，使C形空间具备手部不受阻碍且轻松平移进出的可行性。

这里需要注意的是，手部平移的动作是掌心朝上的特定行为表现。对应的情景是：手掌掌心朝上平移进入出液结构的空间范围，到达出液口位置时，手部进行垂直朝下的动态趋势，在手背感受到C形部件底部的承载依托时，向下稍加用力，使其底部一面带动液瓶出液结构进行洗手液的汲取，并随之从C形顶面的出液口渗出、落下，被手掌接住，至此，整个洗手液瓶的使用过程结束。

可以发现，手掌掌面与手指在这一过程中是不存在接触洗手液瓶体的行为表现的。其原因就是考虑了使用者使用行为中的一类需求，即：当手指及手掌已经受污时，再去触碰洗手液瓶瓶盖会产生二次污染，那么下一次或者下一人在使用洗手液瓶时就会沾染细菌。为避免这样的后果，就要做到受污面与瓶体接触面的隔离。这款产品就是以这个行为作为出发点切入，进行了出液部件与手部交互行为上的具体设计。在行为表现上，就是把原本手掌或手指按压出液结构的动作，改成了以手背部为施力行为主体的动作。

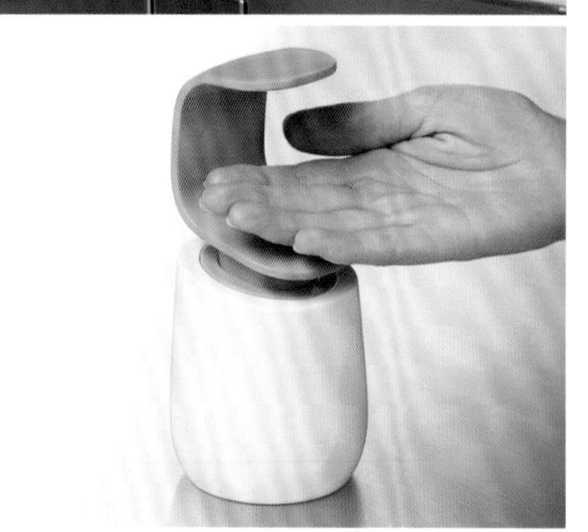

这种以研究使用者行为表现为设计核心内容的思考方式，是最为直接的以功能带动造型的设计方法。设计并不是为了造型而造型，主观的产品视觉表现背后，往往是使用者的实际需求与具体行为作为支撑的客观条件。设计的结果因此而不再仅仅是生成一件设计，而是作为一件好用的、适用的产品并最终成为商品，在特定场景的特定人群的使用中，被体验、评估、总结，得到这款产品设计在市场中良性的反馈。

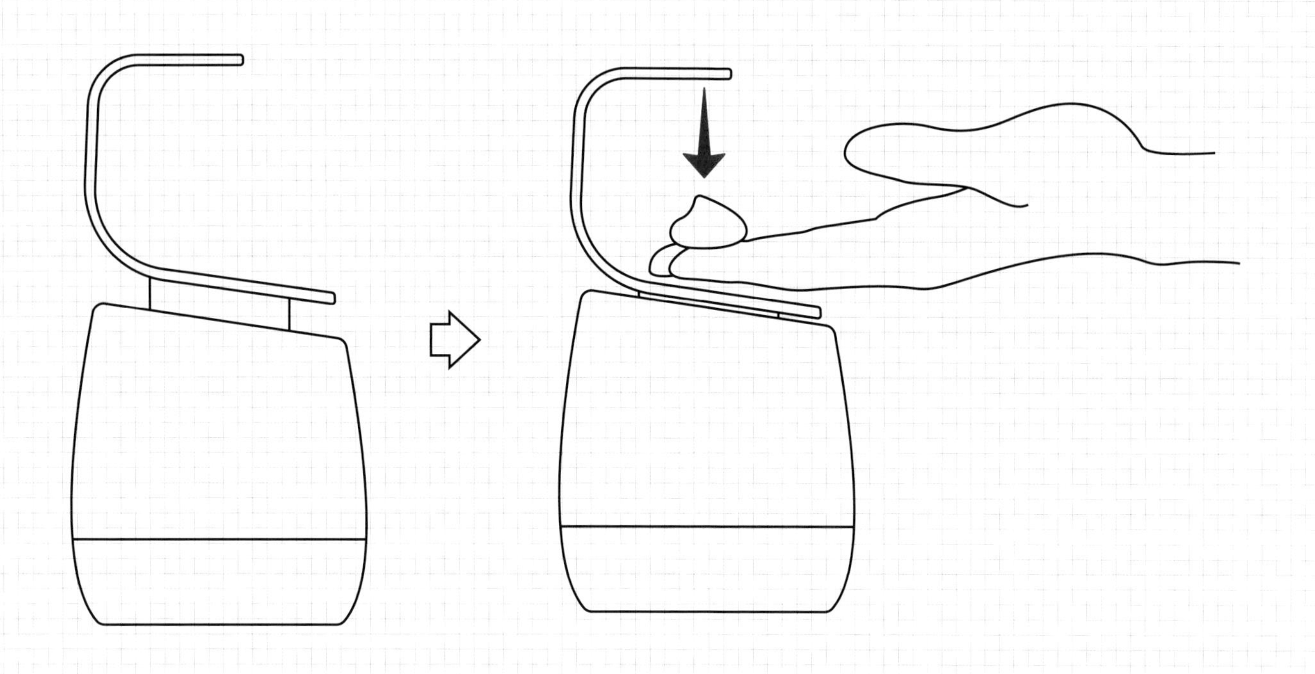

Joseph Joseph C-Pump™ 皂液器

看懂设计：现代家居产品设计案例解析54

GRIT INDOOR 可拼接收纳箱

国　家：德国
设　计：Bartmann Berlin
品　牌：Bartmann Berlin
时　间：2019 年
材　质：落叶松木、粉末涂层钢、毛毡布
尺　寸：单个模块 475mm × 425mm × 400mm

这是一款兼具收纳与坐具功能的家居产品设计。产品从外形上来看，功能形式一目了然。产品整体由正方体单元件架构组成，上部覆盖松木木板成坐具座面、下部金属管件框架结构成承载骨架主体、中部毛毡布构成筐体空间产生收纳可能。对于消费者与使用者来说，产品的理解与使用没有学习成本，属于直接可以上手的设计表达。

这里想要着重提一下这款产品设计语言中的细节。进一步观察这款设计可以发现，产品在各部件的造型、材质乃至配色上都有着特定的对比。

部件造型中，筐体与座面是以直线线条为基础的方形形态特征表现；而作为承载架构的金属管件，除了本体即是有别于方形的圆管形态外，在框架四角还有大曲率的弧角变形，是一个带曲线特征的形态表达。这种细节上的形态对比关系，使得产品整体在方形造型的主体特征中出现了造型的节奏变化，形态不至于显得过于生硬。

部件材质上，座面应用了松木，架构应用了不锈钢金属，两部件的材料都具有硬质材质的特征。而框体则应用了毛毡布，这是显而易见的软性材质特征，可见其在材料上也做了设计节奏的变化。同时，软性的毛毡布材料占大面积的视觉表现，非常具有亲和力，能够使人感觉舒适，将对产品性质的辨识更容易地代入到以家居空间为主要场景表达的认知中去。

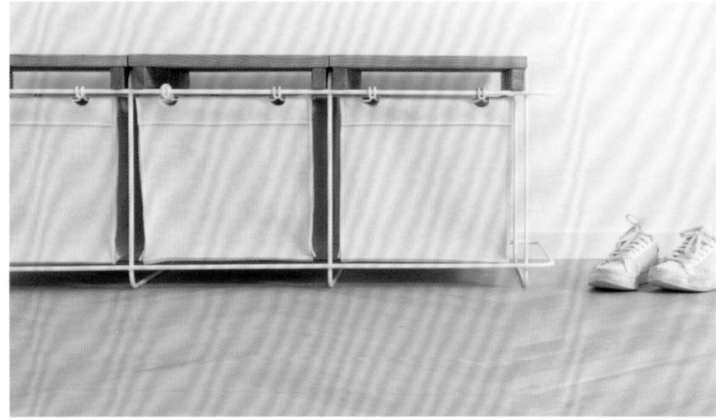

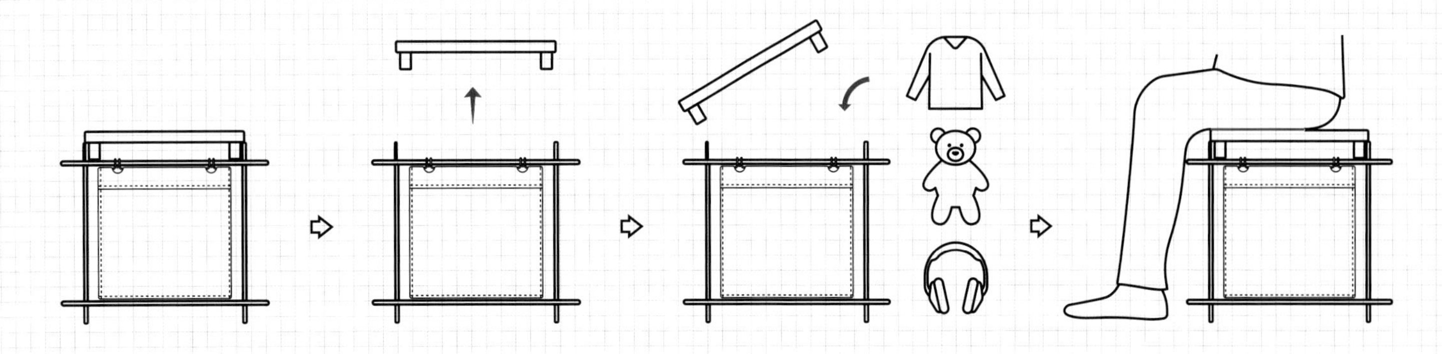

部件配色上，产品做了多种配色的设计考虑。除了顶部的松木座面（浅色木质本色）不变外，其金属框架与毛毡筐体还有这些配色组合：黑色毛毡筐体配黑色金属框架，深灰色毛毡筐体配香槟色金属框架，象牙白色毛毡筐体配纯白色金属框架等。有意思的是，这些配色的套系是从色彩渐变的角度出发，走了色彩层级的变化。而且颜色搭配上，无论哪套配色，产品都是通过颜色的对比及色域面积的比例，突显出毛毡筐体的主体颜色。

综上所述，一件看似简单的产品设计，要让人在视觉层面感到舒服、协调，其实在设计细节中有着不少的考虑。造型、材质、色彩以及其他设计元素出现在同一件产品的不同部件或不同部位的视觉表现，同一设计元素之间出现的别样的对比以及其呈现的比例关系，都会在产品做完整设计的表达时，流露出设计师想要传递给消费者或使用者的极具设计师自身个性及态度的设计语言。

GRIT INDOOR 可拼接收纳箱

看懂设计：现代家居产品设计案例解析55

JANPIM 伸缩灯笼灯

国　家：中国
设　计：陈锦锋
品　牌：JANPIM
时　间：2018 年
材　质：木质、ABS、PC
尺　寸：194mm × 142mm × 37mm

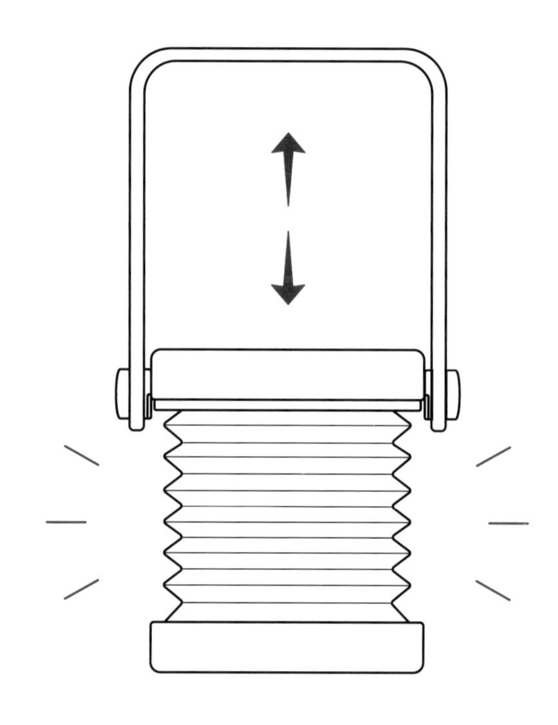

这是一款具备多种功能形态的灯具产品设计。产品具有三种形态，其形态变化的条件基于产品的结构与材料，形态变化的成因是使用者在不同情景下的功能需求。这里不对材料工艺及结构元素做深入分析，只针对产品的形态表现做探讨。

这款产品从使用行为表现的角度来分析，分为落地平置、悬空挂载与手提横握三种，分别对应了“台灯”“挂灯”和“手电筒”三种照明产品的功能种类。也就是说，产品具备了固定位置照明与移动位置照明的可能性。固定位置照明是灯具类产品设计的常见预设逻辑，对于产品的设计限制很小，而移动位置照明则对产品提高了尺寸元素及人体工程学的要求。首先，产品体量上需要缩小，除了重量上要考虑需要符合移动携带、手持照明时手臂疲劳度的阈值要求外，关键在于表现移动照明功能时，产品的形态需要具备“手电筒”的造型特征以及使用行为的表现特征。移动照明时产品要求对使用者的手部做尺寸数据匹配的考虑，在设计中应有针对性表现。也正因此，产品的尺寸设计范围是根据移动照明功能下的“手电筒”形态这一前提做出的考虑。这就意味着这件产品从设计初始，就不具备标准台灯类产品的尺寸框架。它在台灯形态时，必然是小体量的，是在多功能形态表现时为满足手电筒形态的前提而做出的设计“妥协”。

115

这里所讲的是关于设计时的出发点以及设计时的顺序问题。设计元素众多，不要给自己添加无形的压力，试图面面俱到，结果往往适得其反。要讲究一个设计重心，也就是这件设计的卖点在哪里，是什么。回到上面这件灯具产品，它的设计卖点是什么？是功能形态的变化，是多种使用方式的可能性。那需要主要考虑的设计元素是什么？是结构，是材料，是尺寸。造型元素不重要吗？不，造型固然重要，但是在这件产品设计开发的过程中，对于尺寸、材料和结构的研究比重要更大一点。站在消费者的角度看待这件产品，首先吸引注意力的是什么？是产品的多形态多功能表达。消费痛点在哪里？是固定位置照明与移动位置照明的功能整合。那么，设计师设计这件产品的出发点在哪里？设计顺序的考虑是什么？观者不言而喻。

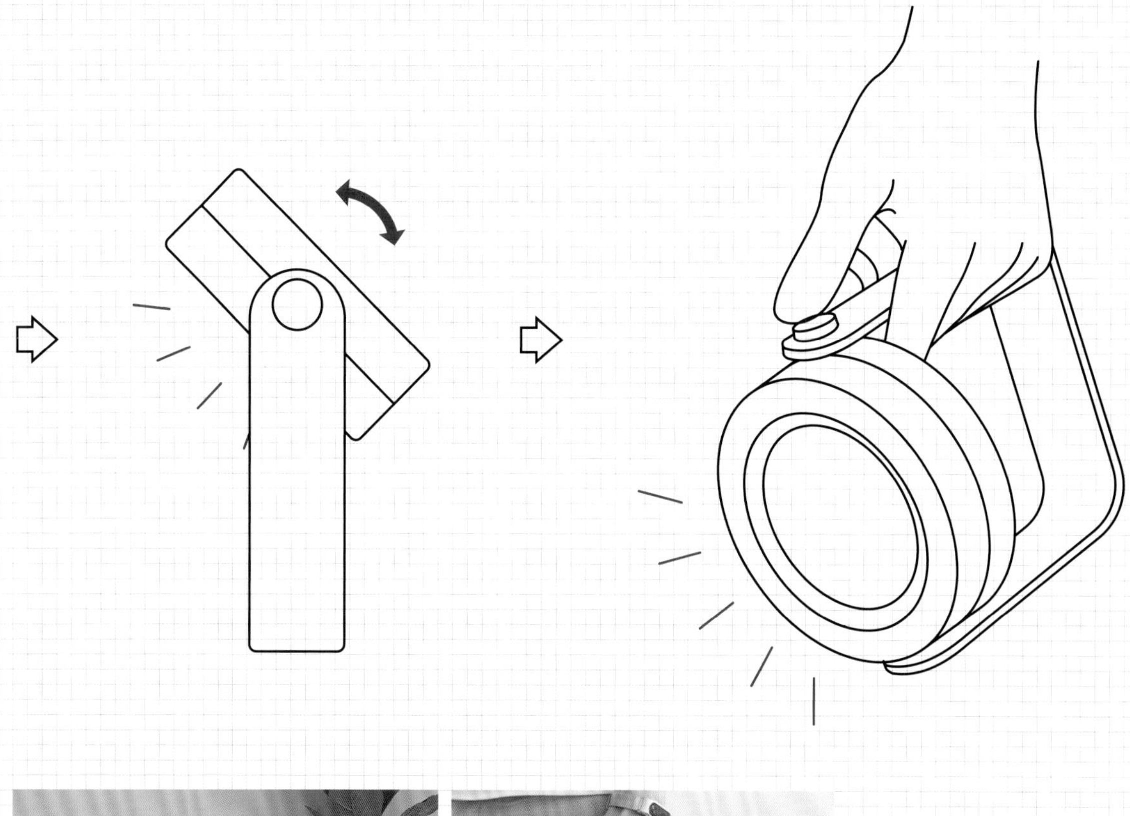

JANPIM 伸缩灯笼灯

看懂设计：现代家居产品设计案例解析56

OTOTO Humphrey Egg Slicer 鸡蛋切割器

国　家：以色列
设　计：Studio Dor Carmon
品　牌：OTOTO
时　间：2018 年
材　质：塑料、不锈钢
尺　寸：65mm × 135mm × 85mm

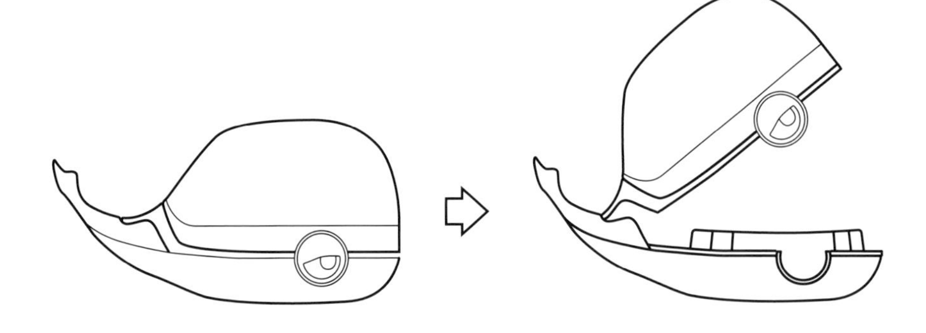

这是一款鸡蛋切片器产品设计。产品在设计中提高了造型元素的设计比重，以拟物的形式把原本工具化特征的产品进行了视觉形态上的提升，使产品无论是在静置状态下还是在使用状态下都变得更具亲和力与趣味性。

产品的设计语言并不复杂，设计元素一目了然。其外形借鉴了鲸的生物形态，对其造型特征进行提炼，概括地表现于鸡蛋切片器的主体外形中。可以发现，产品的功能结构是存在上下体开合需求的，从形态语义的角度展开思考，鲸的大口特征以及口部的开合动态与鸡蛋切片器的使用动态在语义上有一定的关联。所以，通过鲸的形态特征转移，放大口部的尺寸比例，以夸张的口部动态表现完成产品其自身工具本质的功能行为。在没有产生视觉违和感的同时，还能使使用者在使用行为发生时下意识地展开有趣的联想，产生愉悦的心情。这都是产品在完成基础功能的前提下，带来的附加值的部分表现。

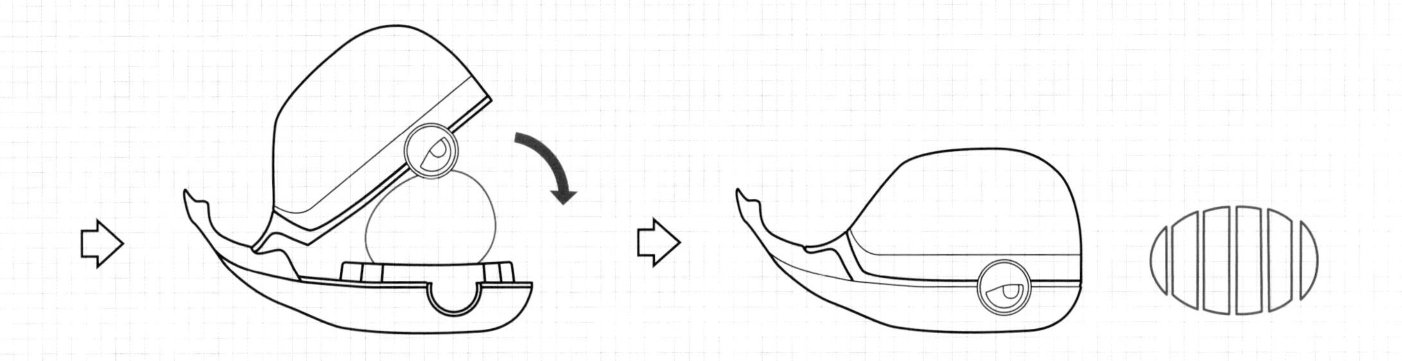

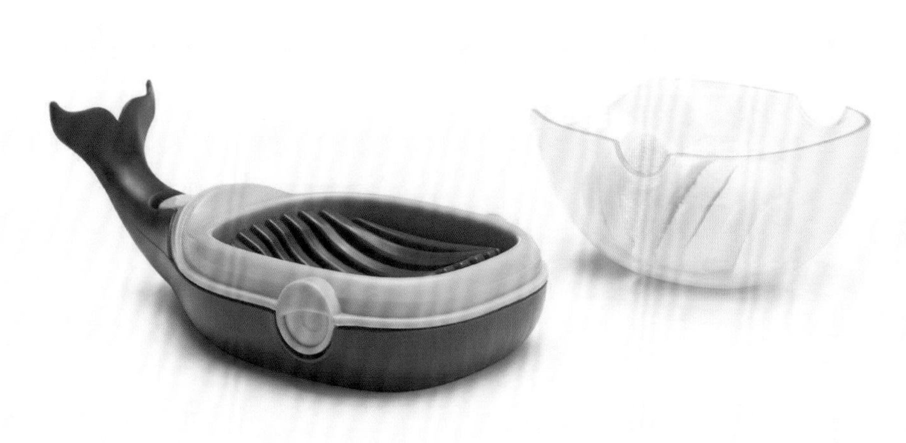

OTOTO Humphrey Egg Slicer 鸡蛋切割器

看懂设计：现代家居产品设计案例解析57

QUALY Flip Cap 双口漱摇杯

国　家：泰国

设　计：Teerachei Suppameteekulwat

品　牌：QUALY

时　间：2011 年

材　质：PP

尺　寸：80mm × 100mm

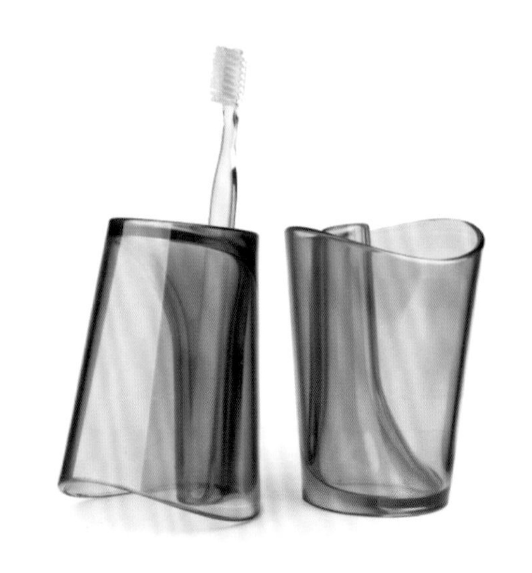

这是一款牙杯产品设计。从牙杯的使用习惯及认知上来看，大多数使用者对于牙杯的使用需求建立在盛水、漱口、牙刷的置放这三个功能定位中。而在实际应用情景中，牙杯做到盛水与漱口的功能没有明显的问题，唯独在牙刷的收纳以及牙杯自身的清洁及置放上存在着设计提升的空间。例如，最直接的问题是：牙杯有承载水的需求及表现，牙杯的使用行为结束后，牙杯的放置方式影响着杯体内水的残留量，而杯体内水的残留如果没有妥善地沥干，久而久之就会产生杯体霉变这类影响人体健康安全的问题。而目前市面上大多数牙杯的置放方法都以牙刷的放置方式为前提，也就是刷牙行为完毕后，牙刷冲水洗净，然后刷头朝上刷柄朝下置入牙杯中。这意味着牙杯口朝上，杯底及杯壁的残留水体无法沥出，同时，杯体内底部形成小区域密闭空间，空气不能够顺利流通，没法通过气流带动液体快速蒸发的方式使牙杯内部变干燥。

通过调查可以发现，上述这些问题是牙杯这类产品在使用表现时的普遍现象。作为一个用户使用痛点，这款产品直接在功能元素中提出了双杯口的设定：即漱口有漱口用的杯体空间及杯口口沿，牙刷置放有牙刷置放用的杯体空间及杯口口沿。实际做法是在杯体的上下两个部位做造型及结构上的分体设计，形成上下颠倒的空间结构关系。任何空间内残留的液体都具备在使用行为的分区表现中得到沥净的可能。在漱口杯口沿处还有一个造型细节：曲线形态的设计表达除了产生造型美感外，还能够在倒扣置放时产生空气流动与液体沥出的空间，方便杯体保持通风，解决杯体潮湿发霉的问题。

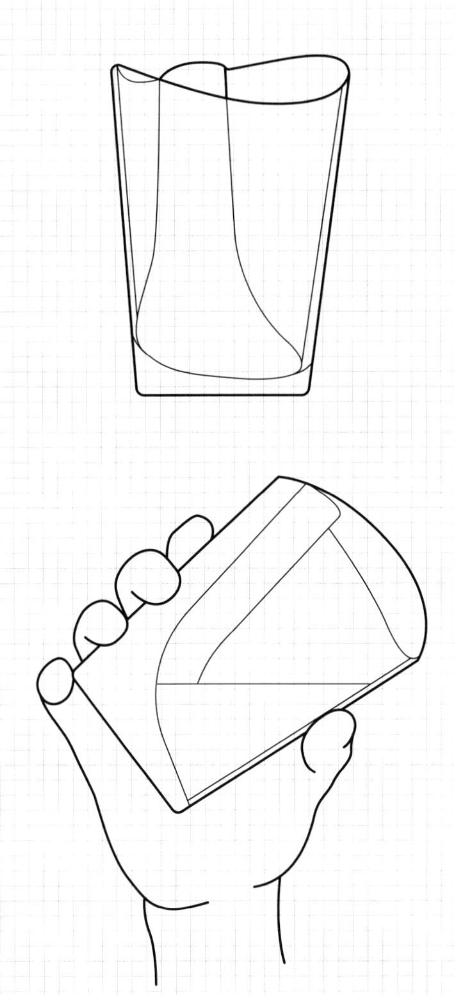

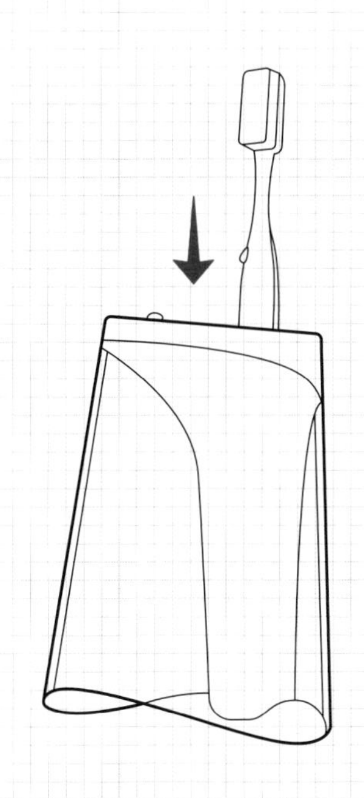

QUALY Flip Cap 双口漱摇杯

看懂设计：现代家居产品设计案例解析58

OTOTO Flower Power 小雏菊锅盖防溢蒸汽释放器

国　家：以色列
设　计：OTOTO
品　牌：OTOTO
时　间：不详
材　质：食品级硅胶、ABS
尺　寸：145mm × 60mm × 60mm

这是一款厨房空间烹饪行为下与锅具结合的厨具配件设计。产品针对锅具内汤食烹煮时沸腾溢出锅盖的情景，做出利用物件搁置在锅沿上的方式打开锅盖，以此实现防止汤食沸腾溢出的功能目标。

功能元素上，设计总体并不复杂，基本功能逻辑就是产品被设计为有夹角的表现，可以夹住锅体口沿，锅盖自然盖在产品部件上形成局部的开放式空间，使锅体内满溢的蒸汽得以有流通的出口。

值得一提的是产品在设计造型元素中对形态语义的运用。可以看出，产品造型主体是一朵小雏菊的形态，特征表现在于花瓣的造型以及颜色的视觉表达。更具趣味性设计表现的是花朵造型的部件与夹角支撑件部件连接处的结构，是可以产生旋转动态的轴结构形式，在受到蒸汽气流的推动时，“花朵”可以自然转动起来。这里要注意的是：当“花朵”在旋转时，不但表现出增添生活气息、具亲和力的视觉形态，而且从视觉影像中传递出产品使用状态的信息。即：“花朵”静止，蒸汽未起，汤食尚未沸腾，烹饪阶段尚处前期；“花朵”旋转，蒸汽已起，汤食开始沸腾，烹饪阶段已处中后期。而随着花朵旋转的速度变化，更可以用肉眼分辨出汤食烹饪沸腾的程度，可以让使用者在不揭开锅盖的情况下，对锅中食物情况做出简单迅速的判断。这是这款产品最大的设计卖点。

由这款产品能够看出，产品设计中造型的表达可以不仅仅只是为了实现视觉感受愉悦的目标，还可以通过造型表达传递出更多的功能信息，将造型与功能通过自然的设计联系起来，使设计更为饱满，而不只是流于形式。

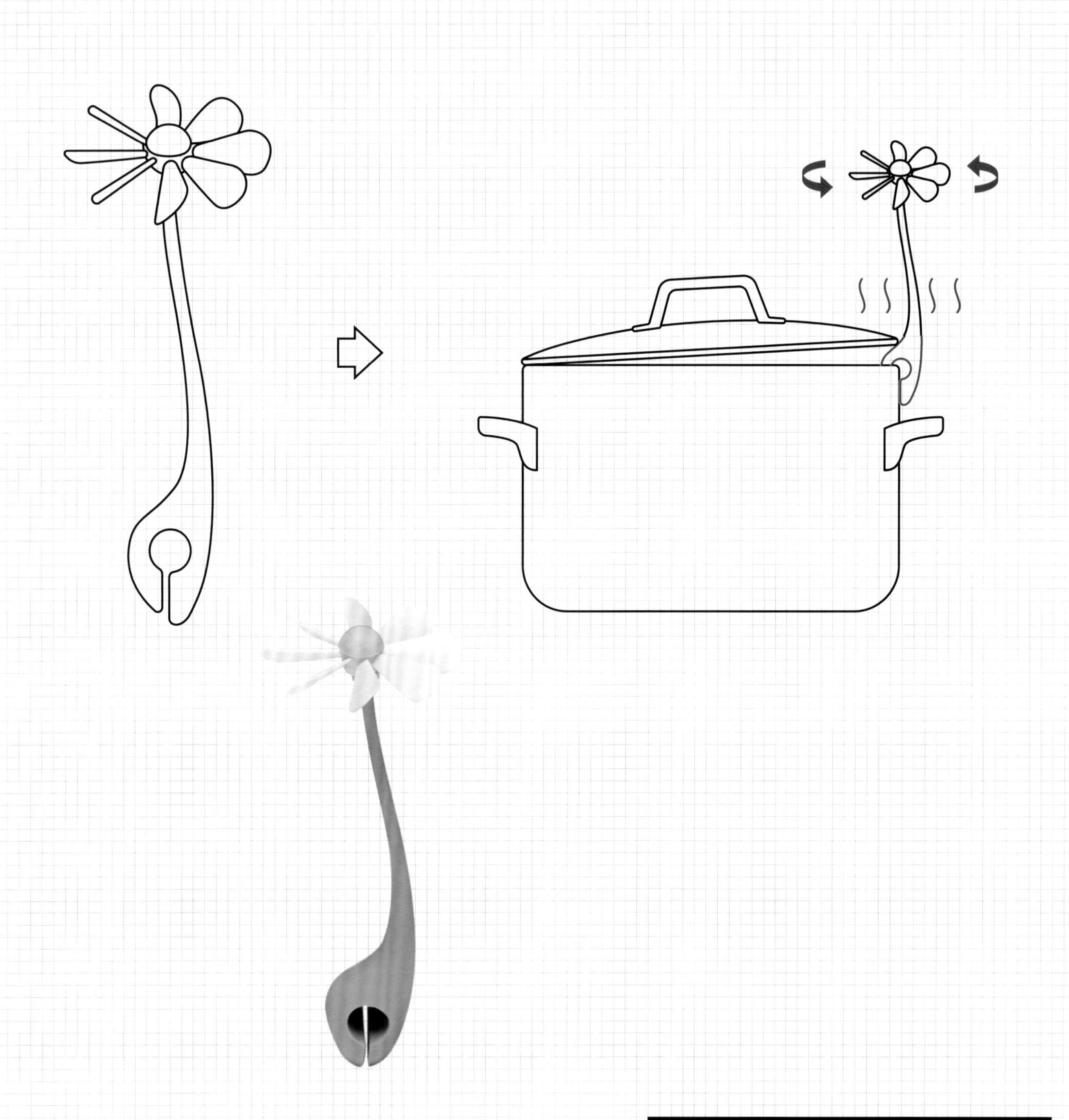

OTOTO Flower Power
小雏菊锅盖防溢蒸汽释放器

看懂设计：现代家居产品设计案例解析59

DROP Colander 沥水滴滤器

国　家：丹麦

设　计：Viviana Degrandi

品　牌：RIG-TIG Stelton

时　间：2018 年

材　质：塑料

尺　寸：直径 180mm　长 340mm　高 105mm

这是一款更倾向功能表现的，整合了蔬果洗涤、沥水以及漏勺功能的厨房用具产品设计。产品的设计卖点在于利用手柄处的结构，使盛器部分的分体部件可以通过旋转的形式实现盛器空间开合的变化，而产生了用具使用方式与功能表现的区分。

回归到设计的起点，寻找产品目标定位的切入点可以从产品使用者的使用行为角度出发。例如，这款厨房用具产品对应的是厨房空间中蔬果洗涤的行为目标。研究蔬果洗涤的常规行为表现，我们会发现，使用者脱离不了双手在蔬果洗涤行为中的重复运动，且双手在洗涤行为的起始至终止阶段中一直是被水浸湿的状态。这就意味着在进行厨房空间中的下一个目标行为动作时，双手是需要针对上一个行为动作（洗涤）首先做出调整的。例如：甩干双手或者拿厨房用纸、厨房毛巾擦干双手。注意，这里无论任何动作，它都是以双手作为行为载体。同时，一个标准的蔬果洗涤行为，包含了把蔬果放入盛器、打开水龙头注水、双手搓洗、关闭水龙头、沥水，然后重复一遍或几遍步骤流程。它是合理的，但也是烦琐的。如果再细究下去会发现，你所需要用到的器具也不仅仅是一个蔬果洗涤篮而已，对于清洗完毕的蔬果，你还需要另一个器皿来作为蔬果的盛器。

123

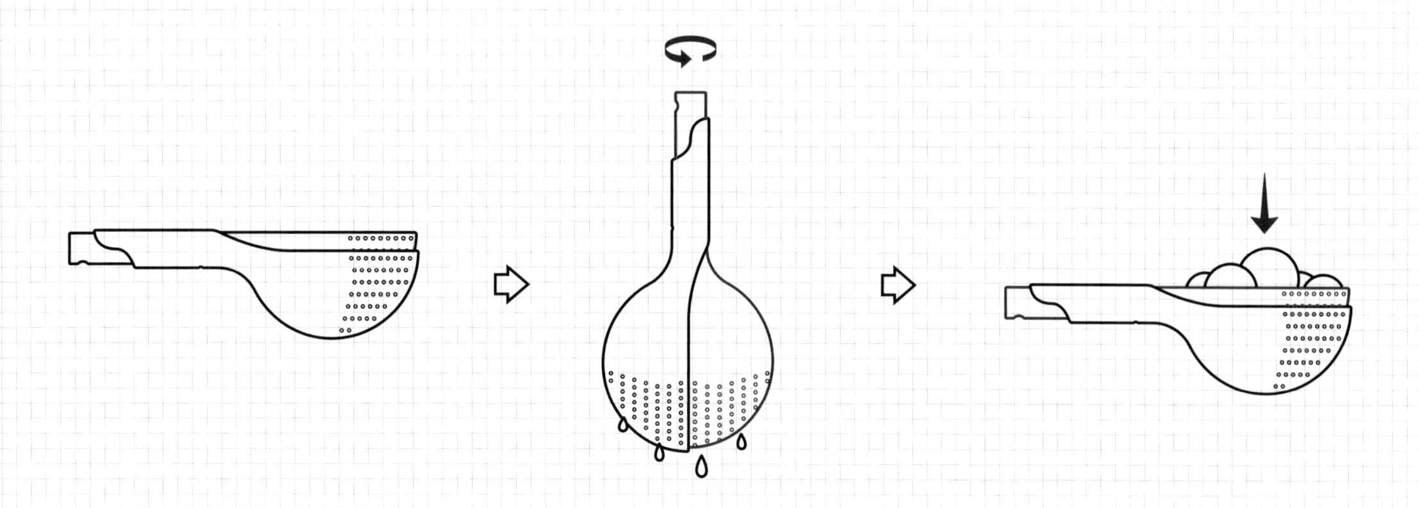

那么，如何整合这些用具器皿，如何简化操作步骤，如何尽可能地解放双手，成为这件产品需要去实现的设计目标。可见这件厨房用具在一定程度上做到了目标要求：首先，因为结构上的设计，用具盛器部位的碗体与盖体是可以通过旋转形式开合的，这意味着蔬果可以在闭合空间里进行清洗；其次，在造型的考虑中，用具手柄以下的盛器在闭合状态下被设计成球体形态，配合尺寸上的设计考量，控制用具手柄与盛器的比例关系，使用具可以以沙锤的形态产生允许单手操作的新的行为动作；然后，在盛器"球体"的下半部设计漏网孔洞，形成具备水流通过可能的滤网功能，既能够让盛器浸入水中，让水流通过盛器内部的蔬果进行漂洗，又达到漂洗动作结束后沥水的要求；接着，依托上述这些设计的表现，可以使蔬果的洗涤行为在这件用具产品中，变成可以单手操作完成的使手部更少接触水体的"浸洗""漂洗"动作，蔬果因为被盖体盖住，所以也不会在洗涤行为中被甩出盛器；最后，当洗涤过程结束后，盛器盖体的部件通过结构旋转，可以转回底部，使盛器回归开放式空间，自然形成蔬果洗净后的盛载器具状态。

可以说，经过设计后的产品，整个使用行为动作流畅自然，没有让使用者产生累赘感。另外也可以看到，在对蔬果洗净程度的要求表现上，针对不同使用者会有人群定位的细分，而这款产品从设计整合的角度出发，做到了对用户提高产品使用效率以及减少厨房器具数量这一主要痛点问题的解决。

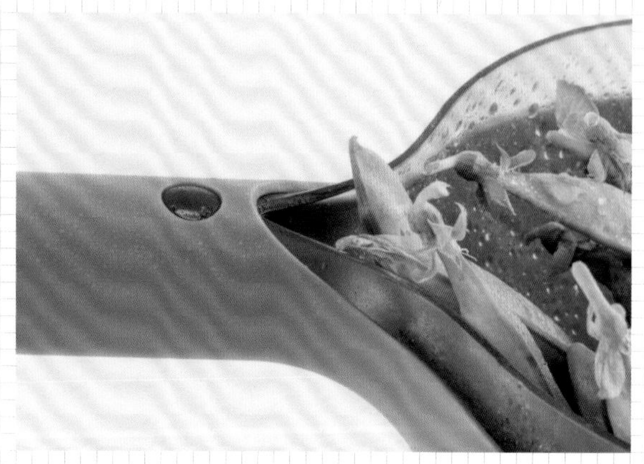

DROP Colander 沥水滴滤器

Iittala Sarpaneva 手提烹饪铸铁锅

国　家：芬兰
设　计：Timo Sarpaneva
品　牌：Iittala
时　间：1960 年
材　质：铸铁、橡木
尺　寸：216mm×222mm×173mm
重　量：5.3kg

这是一款铸铁材质的烹饪锅具产品设计。产品以锅体、锅盖以及手柄三部分部件组合成型。较为引人注意的是产品在手柄这一部件上的设计表现。

第一时间观察到的视觉重心是这款锅具的手柄部分。它是一个可以分离于锅身与锅盖本体的独立部件。在理解手柄可拆卸分离于锅体的缘由之前，我们先从一些设计元素的角度来分析一下手柄：首先，材质上，手柄使用的是橡木。木质材料的优势是容易造型加工，且热传导系数较低，这是考虑到了烹饪时的安全问题；同时，因为橡木材质的特质，手柄在经过清漆处理后依旧保持橡木木质本体的偏暖黄色彩倾向的颜色；然后，造型上，手柄采用的是波浪曲线的形态特征，注意这个形态的中部作了朝上方拱起的小曲率曲线表现，是为双手握住后上提行为所做的考虑，而手柄从中部开始往手柄两端行进的曲线趋势是“先抑后扬”，即左右两尾端在穿过锅体两侧后（穿过后，手柄与锅体形成统一体，手柄具握提功能）同样朝上做小角度翘起，但高度要低于中部拱起的高度；最后，从尺寸上来看，因为锅体是铸铁材质，分量很重，所以橡木手柄的厚度需要有一定受力承载与稳定性的基本要求，这里虽然没有具体数据，但可以观察到手柄的厚度很明显符合“厚体手柄”的特征。

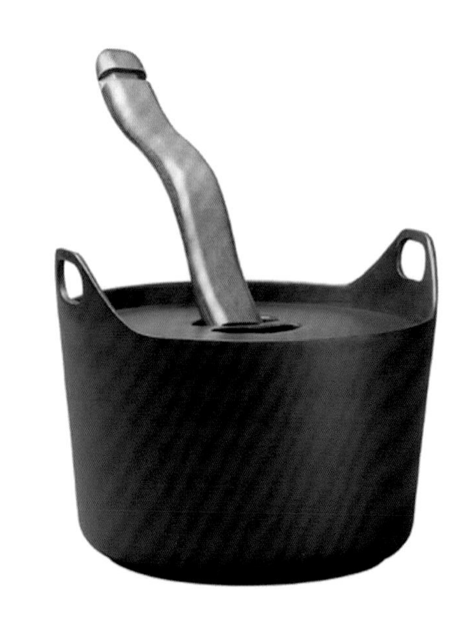

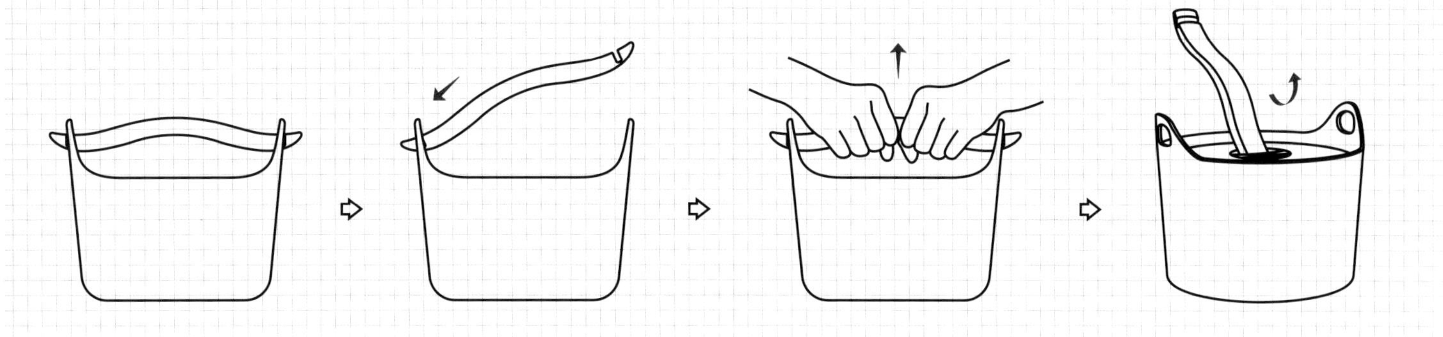

简单分析手柄的一些设计元素后，我们回到问题的起点，手柄可拆卸分离于锅体的目的，或者说手柄的设计目标，关键词为“重”与“烫”。前面已经说过手柄其中一个使用表现，即穿过锅体两侧“耳朵”的孔洞且达到结构承载的稳定性后，手柄产生“握”“提”行为的使用可能。考虑到铸铁材质重的特性，这里手柄的使用方式更可能倾向考虑使用者双手上提移动锅体的行为表现。这时锅体移动的前提建立在锅体中心上部的施力动作上。有别于常规锅具偏向于使用者双手握提锅体两侧“耳柄”时，负荷作用应力在上肢手臂肌肉的行为表现，这件锅具的施力方向出现在锅体中心上部，意味着使用者可以在双手握提锅体时，运用身体更多部位的肌肉（例如肩部、背部肌肉等）做出更高负荷的应力动作。这样的设计考虑是建立在铸铁锅具的体量及重量的特性前提下的，所以上述一系列的手柄设计元素逻辑是成立的。

接下来继续分析手柄与锅盖的交互。锅盖因为铸铁材质重量的关系以及热传导特质的原因，在烹饪情境中，使用者会产生“重”和“烫”的认知感受。有别于用厚棉布手套或是厨房毛巾去握提锅盖只是考虑到“隔热防烫”的需求，这款产品的手柄在与锅盖互动时采用的是“撬杆”的思路。用手柄一端斜角插入锅盖顶部的坑体部位，借助“撬”的动作行为，利用手柄力臂力矩数据下的物理条件支撑，厚重的铸铁锅盖更容易被打开，且手部因为远离锅盖也不容易被烫伤。

Iittala Sarpaneva 手提烹饪铸铁锅

看懂设计：现代家居产品设计案例解析61

Nendo 香料研磨器

国　家：比利时

设　计：Oki Sato

品　牌：Valerie Objects

时　间：2018 年

材　质：玻璃

尺　寸：不详

重　量：0.28kg

这是一款食材调味料（例如胡椒粉）颗粒研磨器的产品设计。区别于其他厨房场景中常见研磨器产品以功能形式表达为主的工具类形式，这款产品在造型、材质以及使用方式上，加强了视觉形态上的设计表达，跳脱出了厨房空间的固有场景，在其他家居场景中出现也不会产生明显的违和感，相比其他同类产品，装饰性效果更为强烈。

产品主体分为两个结构部件。上部即装载调味料的瓶身，下部较为特殊，是一个近似“凹”字造型的底座，既可以作为承载并固定瓶身的部件，又能在研磨行为时作为研磨盘使用。这里的设计点在于：瓶身与底座都使用了玻璃材质，且使用了毛玻璃的工艺处理，瓶身底部有细纹凹凸肌理设计，使得瓶底与底座接触面具备足够的摩擦力（研磨力），同时加厚处理的玻璃保证了对调味香料食材研磨时所需要的硬度要求。在材料条件达到研磨行为要求的基础上，造型元素的设计中，瓶身扁球体底部曲面的形态与底座正面凹型的形态做了面与面相吻合的考虑，从而实现了瓶身底部在底座凹面内沿弧形轨迹挤压滑动的行为可能。借助这种动态轨迹及摩擦力，使得这一行为达到研磨的功能目标。这就使这款产品最终的使用功能表现为：首先，产品瓶体具备储存收纳调味香料的功能；其次，拔出瓶塞，倾倒适量调味香料至底座凹面上，随即握住瓶体，手指手腕发力，使瓶身底部受力并沿底座顶部凹面曲线轨迹对调味香料进行研磨碾压的滚动动作，完成研磨加工行为。

可以发现，这款产品通过针对行为方式的设计做到了收纳存储与研磨的整合表现。而它最能体现视觉形态表达的卖点，除了玻璃材质的运用以外，还有它几何形态上简约干练的造型提炼，没有使它出现典型工具产品的影子。它可以像一件玻璃制品，打破固定场景模式的限制，出现在家居空间中其他的场景里，在完成基本研磨功能要求的同时，以装饰性形态表现出产品设计中更多的附加值。

有必要指出的是，这款产品虽然不仅具备视觉形态上的亮点，也不只停留在工具的形式基础上，但也正是因为抛弃了工具的纯粹性，使得它在实际使用时会有部分工具功能的缺失。例如：底座开放式凹面研磨盘不像常规研磨碗那样具有优秀的承载封闭性，在它上面倒调味香料时容易洒落在凹面之外；另外，进行研磨行为时，为了操作的准确性，会主要使用手指与手腕的力量，而不像常规研磨工具使用捣棒那样，可以更多借助肩膀与手臂的力量，这就使得研磨的效率和研磨的细腻程度会打折扣。分析可见：功能元素的设计在向视觉形态的设计重心靠拢时，会产生设计上相应的妥协。这需要设计师明确产品设计的目标任务，根据消费人群及使用人群的区分做到有所取舍、有的放矢。

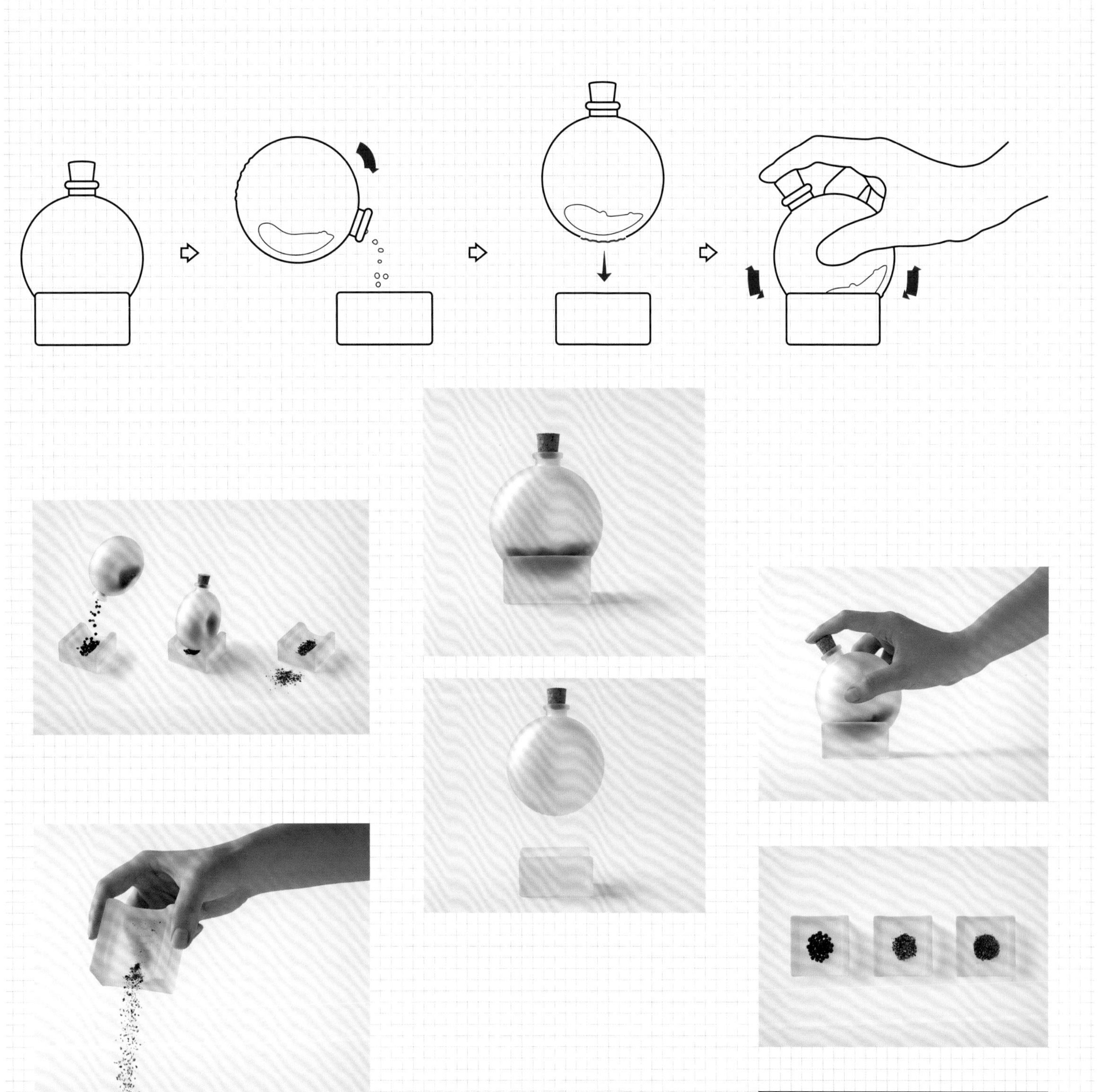

Nendo 香料研磨器

看懂设计：现代家居产品设计案例解析 62

Joseph Joseph Whiskle™ 二合一搅拌器

国　家：英国

设　计：Joseph Joseph

品　牌：Joseph Joseph

时　间：2016 年

材　质：不锈钢、硅胶

尺　寸：299mm × 64mm × 79mm

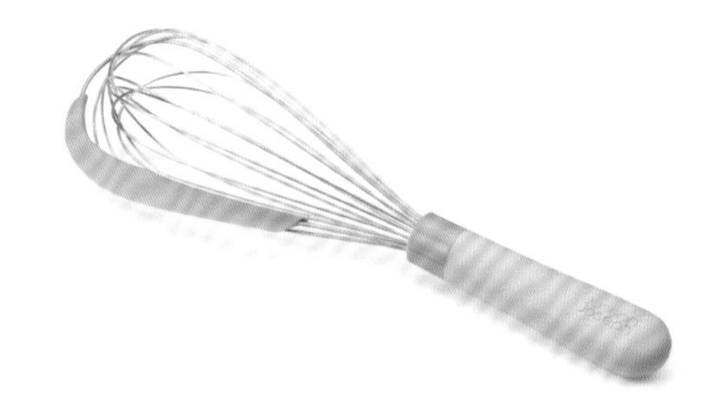

这是一款搅拌器产品设计。从产品主体的设计角度来看，其造型、结构乃至材料的运用都中规中矩，符合这类产品的常规定位。真正区别于市场同类产品的卖点在于这款产品在功能架构中设置了“刮刀”的整合部件。

产品的头部搅拌功能部件以不锈钢材质制成，在侧身结构中加入了一段硅胶材质的套管部件，以“刮刀”的形态在产品搅拌功能的基础上增加刮碗的延伸功能。这个设计点的表现可以说并不复杂，概念的出发点也很容易理解，一切都是从用户使用行为与使用体验的角度出发。如果有过使用此类厨房用具进行食材加工行为的经验就会发现，对于使用者来说，搅拌奶油或者蛋液后的收集工作不太“轻松”。这里所讲的“轻松”不是针对行为中的受力表现，而是从产品使用流程中所涉及的操作步骤以及完成行为目标时所需产品数量的角度去评估得来的结论。

抛开搅拌功能的行为前提，在收集搅拌加工后的奶油或蛋液时，除了倾倒碗口的基本行为形态，使用者会面临一个问题——需要一个可以刮剔挂留在碗壁上的糊状半成品食材的工具来达到“更多且更干净收集”的目标。从产品数量上讲，这个行为需要另一件产品来配合完成；从操作流程上来讲，目标的实现需要多出几个行为步骤，即：放下搅拌器，腾出手来，拿取另一件产品进行后续工作。

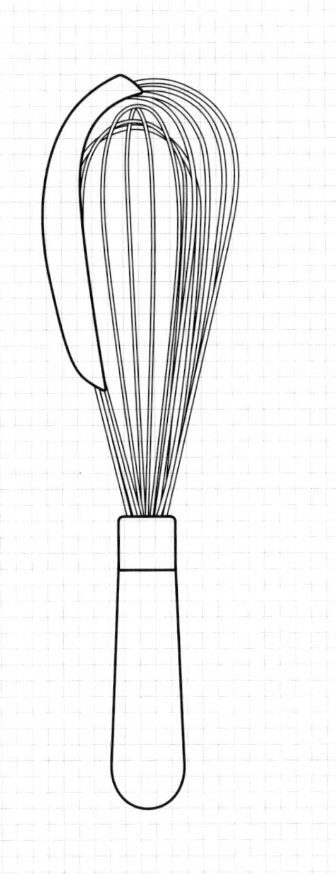

针对上述行为痛点，这款产品通过功能部件的设计整合来予以解决。可以发现，这款产品的设计出发点更侧重于功能性上。在设计表达上，刮剔与搅动的功能在同一部位中出现并没有给使用者带来违和感；在使用行为上，使用流程与步骤是自然的单向线索，不会给使用者增加不必要的学习成本。理解用户行为，加强行为体验，能够用简单但是合理的形式去完成，在产品整体的尺寸元素上进行设计把握，在造型上具备合理的视觉比例表现，产品即可成立，设计的目的也在于此。

Joseph Joseph Whiskle™ 二合一搅拌器

SL17 BASKETBIN 分类垃圾桶

国　家：德国
设　计：Rudolph Schelling Webermann
品　牌：Konstantin Slanwinski
时　间：2009 年
材　质：PP
尺　寸：（大桶）直径 315mm× 高度 350mm
　　　　（小桶）直径 142mm× 高度 166mm

这是一款分类式垃圾桶产品设计。这款产品的应用场景可以是厨房以外的与传统厨余垃圾稍拉开距离的其他家居细分空间。这里不提及垃圾分类这一当下社会热点话题，单从产品使用情境表现的角度探讨这件设计的表现。

提到垃圾桶，多数人会第一时间联想到厨房这个厨余垃圾收纳清理高频率出现的场景。当然，产生垃圾的场景不仅出现在厨房，考虑产品使用情景，可以对家居场景中的一个细分空间中产品的实际需求与表现进行具体分析。例如书房，以此空间中主要的行为表现来看，一般以纸质及塑料等干垃圾为主，但也不能排除书房中有与饮食相关的行为表现。而一旦涉及饮食行为，那湿垃圾的收纳需求将不可避免。在这款产品中，垃圾桶的设计理念表现为：考虑到干湿垃圾产生的量体比例，以纸质及塑料等办公文杂类干垃圾作为主体，以果核茶包等食余类湿垃圾作为辅体，进而在产品设计中，进行垃圾分类收纳的双容器设计考虑。可以看到产品在主桶的设计基础上，有一个小型的带盖式杯体容器依附于主桶结构并插接其上。意味着占大空间的主桶负责办公文杂类垃圾的收纳，占小空间的副桶负责食余类垃圾的收纳。除了在造型及结构上，两个独立的垃圾桶有着开放式与封闭式的设计区分外，在产品的配色设计中，特别强调了食余垃圾桶的鲜明颜色，以作视觉层面的信息引导与提示。

产品结构设计中，副桶杯体形态中的“手柄”部件可以作为插接件，以从上往下的轨迹穿插进主桶外壁的缝隙中，形成固定形式的同时，也可以在倾倒垃圾时方便提拉抽取，进行针对性的垃圾倾倒行为。

值得一提的是，这是一款轻松的设计，使用者不存在学习成本，单从颜色及结构形态的视觉层面就能第一时间做出正确的判断与理解，使接下来的使用行为变得顺畅自然。这也是家居器具产品所应做到的设计本意：在保留基本功能的基础上，让产品不再工具化，能够更好地融入家居的生活环境、人的生活氛围中去。

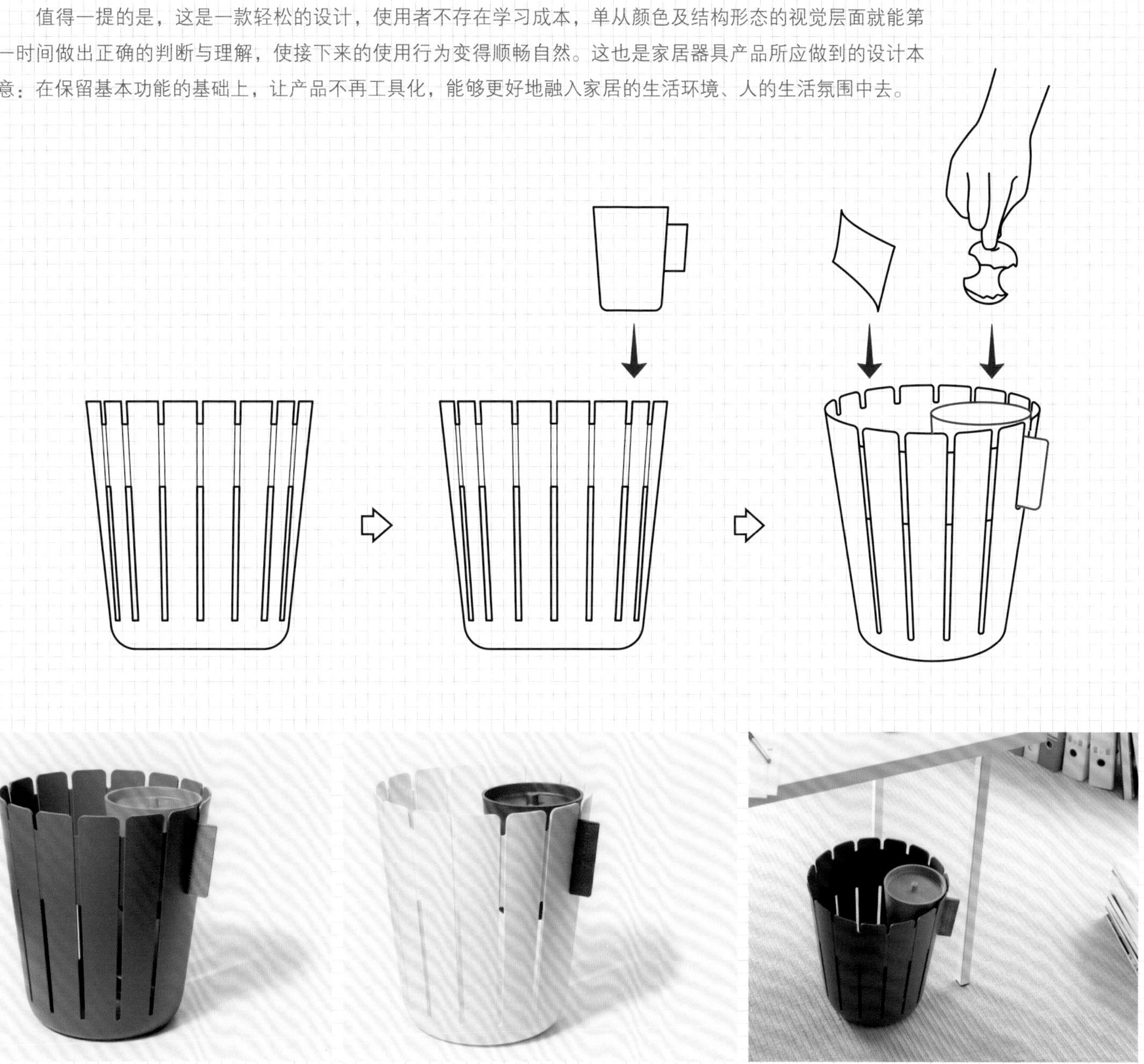

SL17 BASKETBIN 分类垃圾桶

看懂设计：现代家居产品设计案例解析64

Eva Solo Glass Teapot 玻璃泡茶壶

国　家：丹麦

设　计：Tools Design (Claus Jense & Henrik Holbaek)

品　牌：Eva Solo

时　间：2013 年

材　质：玻璃、硅胶 、不锈钢

尺　寸：高 100mm　直径 166mm

容　量：1L

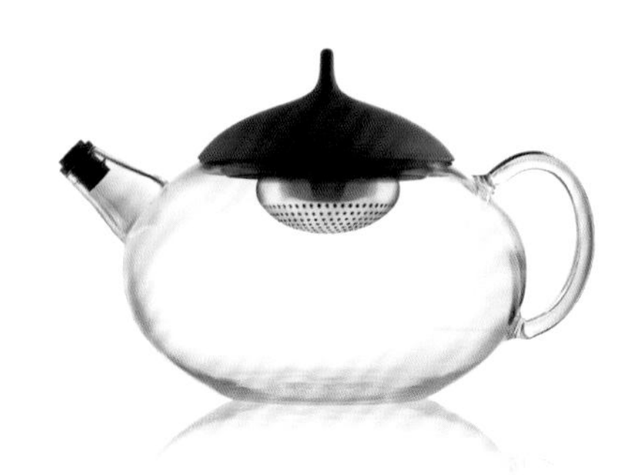

这是一款茶壶产品设计。有别于常规茶具套系中茶壶主体与茶胆配件结构分离的传统表现，其产品的设计卖点在于茶胆与壶盖的结构整合以及整合后操作便利性的提升。

可以看到，茶壶整体造型保持低重心呈扁形趋势，壶柄与壶嘴的倾角设计保证茶水流畅出水的要求，符合茶壶设计的基本形态表达，中规中矩，不予细谈。关键的壶盖部分则成为整件产品的视觉重心及功能重点。在造型上，壶盖侧面线条呈饱满的曲线形态，两边曲线往中部延伸至壶盖中心向上产生一处凸起后收型。从造型上可以看到壶盖出现按压与提拉的操作行为的视觉信息。同时，壶盖主体以硅胶材质制成，配合盖体功能的设计要求做到了盖体形变的可行性，并留有向壶身内部按压的空间余量，使之可以在受到挤压时，整个盖体部分能够沿茶壶进水口反向变形至壶身内部。从尺寸元素的角度上来做分析，壶盖整体的面积、曲面拱起的幅度以及凸起部分的体量，是根据与使用者手型尺寸的联系做了设计考虑。

茶胆由不锈钢材质制成，结构整合连接至壶盖底部，当硅胶盖体受压陷入壶体时，茶胆随之落入水中，达到浸泡茶叶的功能目标，而提拉盖体顶部的凸起点时，硅胶材质会回弹恢复盖体原貌，茶胆也脱离水面归于原位，最终完成整个使用流程。而壶身透明玻璃材质的运用，也是为了方便观察使用茶胆进行泡茶行为后的茶汁状态而进行的设计考虑。

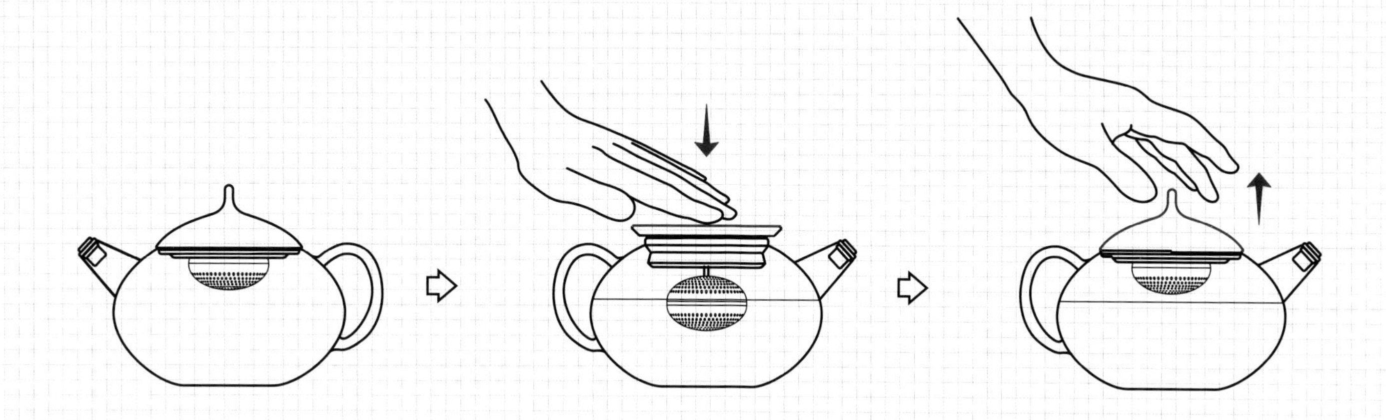

整件设计围绕壶盖的使用行为展开，以简化操作步骤、减少茶具配件为目标，在做到使用便利的同时，提高了产品使用体验的友好度。这里需要注意一个容易忽略的细节：壶盖的设计是从使用方式的角度展开的，为了达到使用行为的便利性，对于壶盖造型和结构的设计不免会以增大壶盖的体量面积作为妥协。但是这款产品比较巧妙的是把壶盖的侧身曲线与壶身的曲线做了延续呼应的造型微调，使壶身与壶盖的完整形态最终还是统一在同一个造型轮廓的视觉表现中，看起来还是协调统一的。

Eva Solo Glass Teapot 玻璃泡茶壶

看懂设计：现代家居产品设计案例解析65

Eva Solo Decanter Carafe 玻璃醒酒器

国　家：丹麦

设　计：Tools Design（Claus Jense & Henrik Holbaek）

品　牌：Eva Solo

时　间：2014 年

材　质：玻璃、不锈钢、硅胶

尺　寸：直径 150mm　高 210 mm

容　量：0.75 L

这是一款醒酒瓶产品设计。它区别于其他醒酒器具的地方，在于其瓶口至瓶颈处不锈钢漏皿部件所提供的醒酒形式的创新。

瓶体以球体造型为主型，底部作浅切面造型设计形成平整底部，产生直立置放的可行性。瓶身以玻璃材质制成，透过玻璃，瓶颈内部的不锈钢漏皿在材质对比下异常醒目，同时在视觉上减轻了玻璃瓶身整体大体量的敦实感。漏皿部件除了不锈钢部分以外还有两个部件，分别是上段衔接瓶器口沿的接酒漏口，以及中段以硅胶材料制成的密闭阻隔部件。三段部件组成一个整体，从玻璃瓶器的瓶口处塞入，与瓶器合成醒酒瓶的完整体。

醒酒的方式在实际应用中表现为：红酒从顶部接酒漏口进入，注入不锈钢漏皿的腔体后，在围绕腔体下段的一圈漏孔处以流瀑的出水形式倾洒在瓶身内壁，并沿瓶身内壁均匀淌落于瓶底。整个过程让红酒与瓶中气流充分接触，使得红酒可以更快地与氧气发生氧化作用，原始酒瓶里的红酒单宁在这一过程中软化得更为柔顺，酒的口感也会因此变得更为醇厚。至此，醒酒瓶的功能表现完成一半。在完成醒酒过程之后，红酒需要倒至酒杯中，此时的漏皿即成为控量的装置，使红酒在倾倒过程中的流量更为可控。

但是在对产品进行具体观察时发现，当产品从醒酒器转变为酒水容器，以瓶器的身份进行倒酒行为时，会产生一个瓶器在使用者手中的操作表现是否舒适的问题。瓶体周身可操作接触面皆是玻璃材质，从手部掌握的角度来讲，并没有充分的摩擦系数可以用来辅助手部的稳定操作，而瓶体自身又不是小体量设计，瓶颈不够修长，以手的面积来考量，不具备轻松拿取与倾倒的行为条件。这就使得瓶器在用来倒酒时，其操作过程会有出现负面的不确定因素的可能。

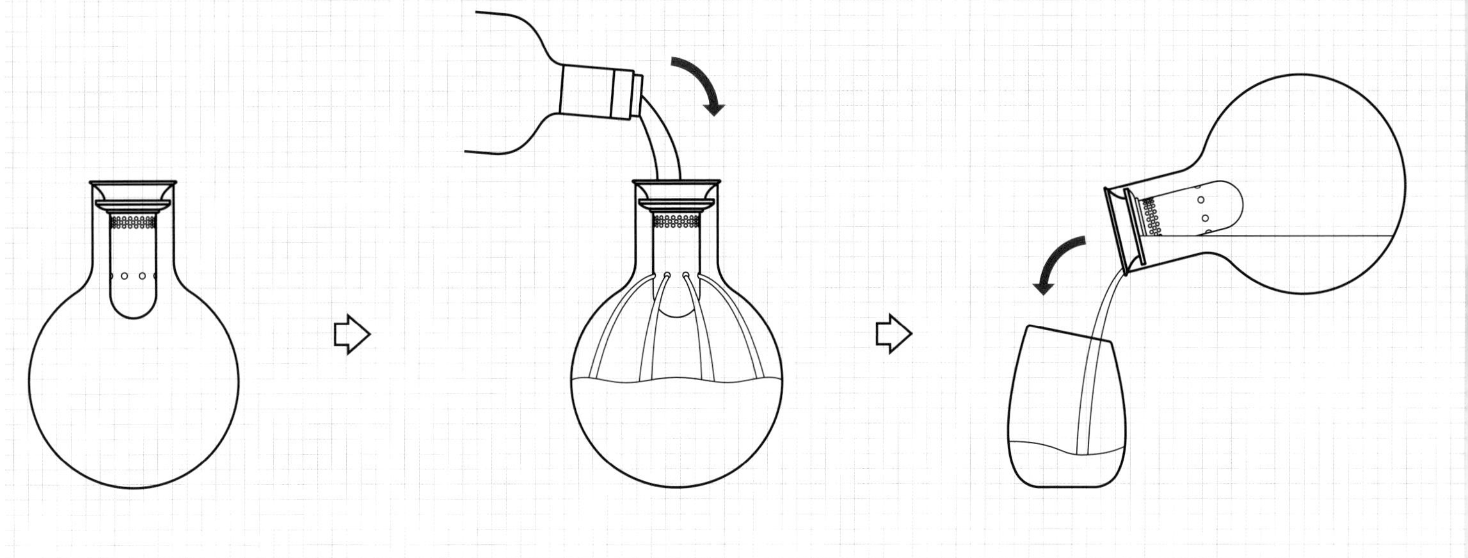

从上面的信息来做设计的评估，可见这款产品在使用表现上略有缺失。在实际设计过程中，设计师要考虑的环节相当之多，我们这里不细究这款产品是因为什么在一些细节上处理不够到位，单从视觉表现与功能创新的角度来讲，这款产品具备足够的消费卖点，就看消费者是否愿意为了这些卖点而忽视一些潜在的使用问题，在消费行为中做出感性与理性判断的平衡。

Eva Solo Decanter Carafe 玻璃醒酒器

Normann Tea Egg 搅棒茶滤器

国　家：丹麦
设　计：Made by Makers
品　牌：Normann Copenhagen
材　质：硅胶
时　间：2013 年
尺　寸：长 195mm　直径 43mm

这是一款整合了茶滤与搅棒功能的茶具产品设计。产品的设计表现在于简化了泡茶的使用行为，提升了器具的视觉美感。

分析袋泡茶冲泡时的行为表现可以发现，茶包浸入杯体没于水面下，在热水中渗出茶汁时，涉及一个提拉袋泡茶的绳子进行茶汤搅匀的动作。而如果直接将茶叶倒入杯中浸泡，则又会出现在茶水入口时茶叶和茶梗影响饮茶体验的问题。从解决此类问题的角度入手，这款产品在结构中考虑了旋口分离的球形容器设计。容器通过旋转开合方式作分体结构表达，球体内部空间提供置放茶叶的功能；同时上半部球体承接搅棒的连体结构，球体周身做滤孔设计，可使茶汁在浸泡过程中从滤孔渗出，而搅棒部位则在茶汁渗出时具备手持搅棒在杯体中搅拌的行为功能，使茶汁搅匀在水体中；完成泡茶行为后，器具可以直接提出杯体，使杯体中仅保留纯粹的茶汤。

产品的整体使用表现干净利落，从置放茶叶到浸泡乃至搅拌没有多余的行为痛点，在做到了茶叶和茶汤分离的同时，还使搅匀茶汁的行为变得更为可控。另外，在产品的视觉表现中，形体比例协调，硅胶材质的质感也不显生硬，多种配色设计使之在家居场景中具备更多选择。这款产品的设计定调在于减少家居产品的工具感，同时结合了功能应用与视觉表达，使产品在场景表现中更贴合家居生活的氛围。

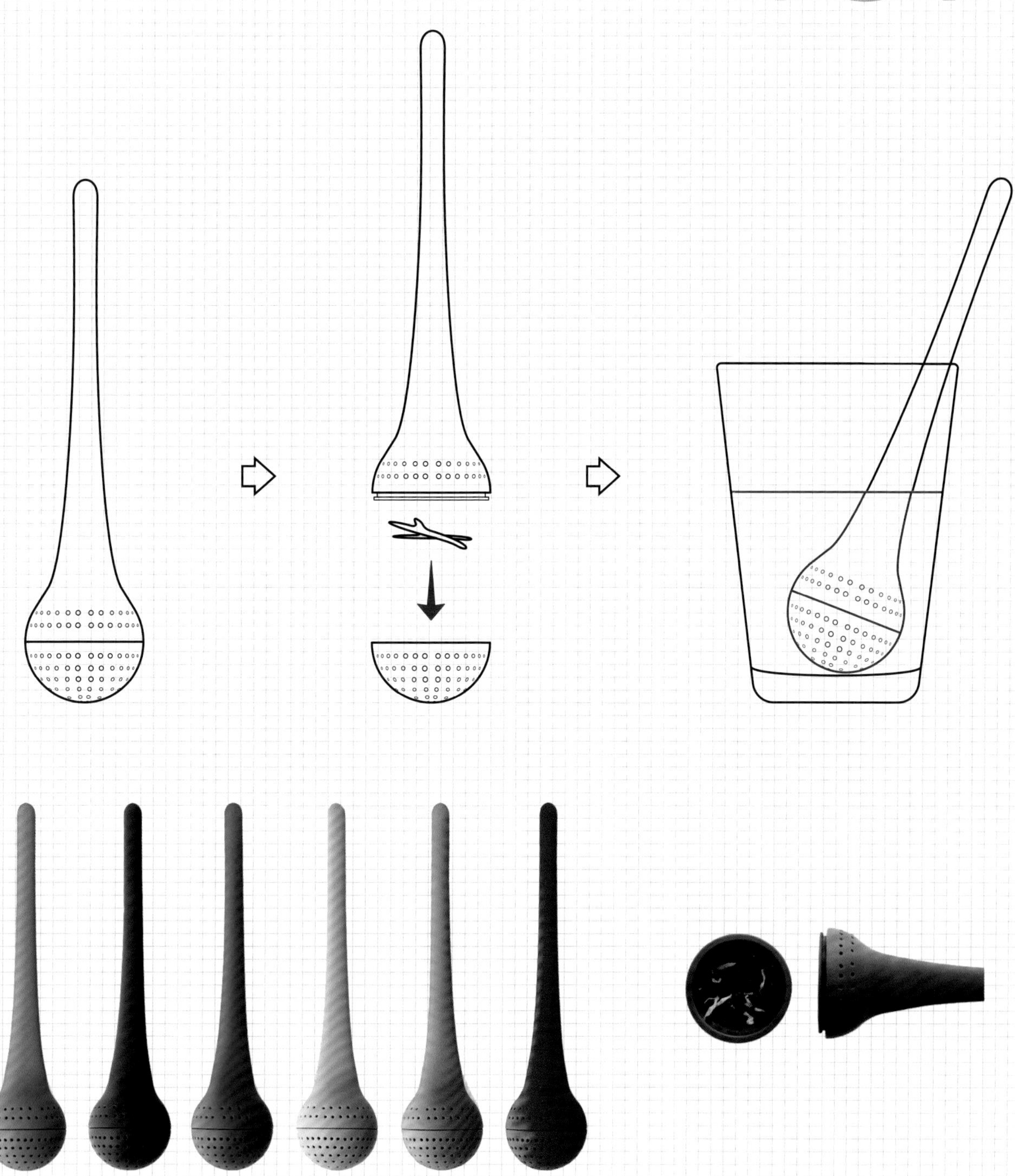

Normann Tea Egg 搅棒茶滤器

看懂设计：
现代家居产品设计

案例解析67

Joseph Joseph BladeBrush™ 刀叉餐具清洁刷

国　家：英国

设　计：Joseph Joseph

品　牌：Joseph Joseph

时　间：2017 年

材　质：ABS、PP、TPR

尺　寸：80mm × 76mm × 52mm

这是一款针对刀具及部分餐具残渣清洗处理的清洁刷产品设计，理解它的设计立意需要先从产品的应用情景来分析。

刀具作为食材加工处理的必备工具，刀面部分必然会在处理过程中产生食材的汁液、碎屑、外皮的残留，使用者对于刀具表面上的食材残渣、污渍会有清洁清洗的行为需求。而这个行为的表现与其他待清洗物仅考虑行为效率及行为效果不同的地方在于：刀具清洗行为还有一项行为安全的目标要求。所谓行为安全，是在使用清洁工具清洗刀具的过程中，刀具不会给使用者的身体带来伤害。那么从设计的角度来考虑，我们怎么去理解避免伤害的问题？

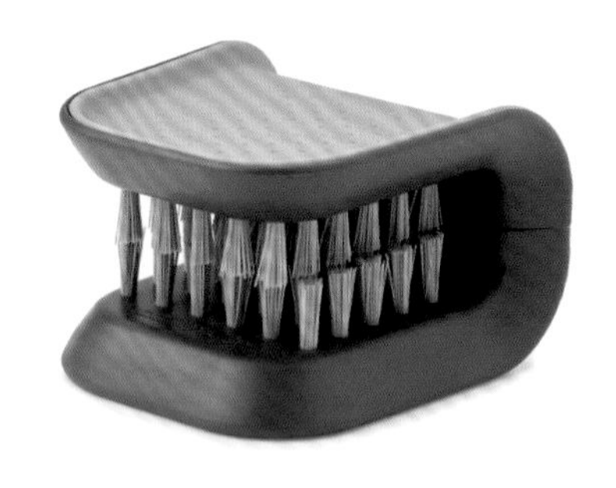

首先，伤害的表现是什么？其次，伤害的成因是什么？

伤害的其中一个表现在于刀具因为刀刃锋利的关系，刃面存在划伤手部的风险；另一个表现在于刀具如若脱手掉落于台面，刀头可能在掉落过程中扎伤或划伤使用者的身体。伤害的成因是在清洗行为中，手部与刃面之间没有足够的空间余量以及角度余量进行防护；并且清洁用具与刀具接触时不具备足够的摩擦力，导致刀具在流水及洗洁液体泡沫的影响下被动放大了滑脱的可能性。

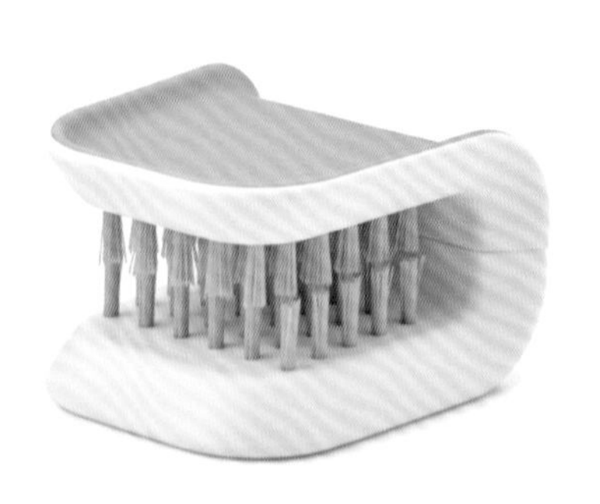

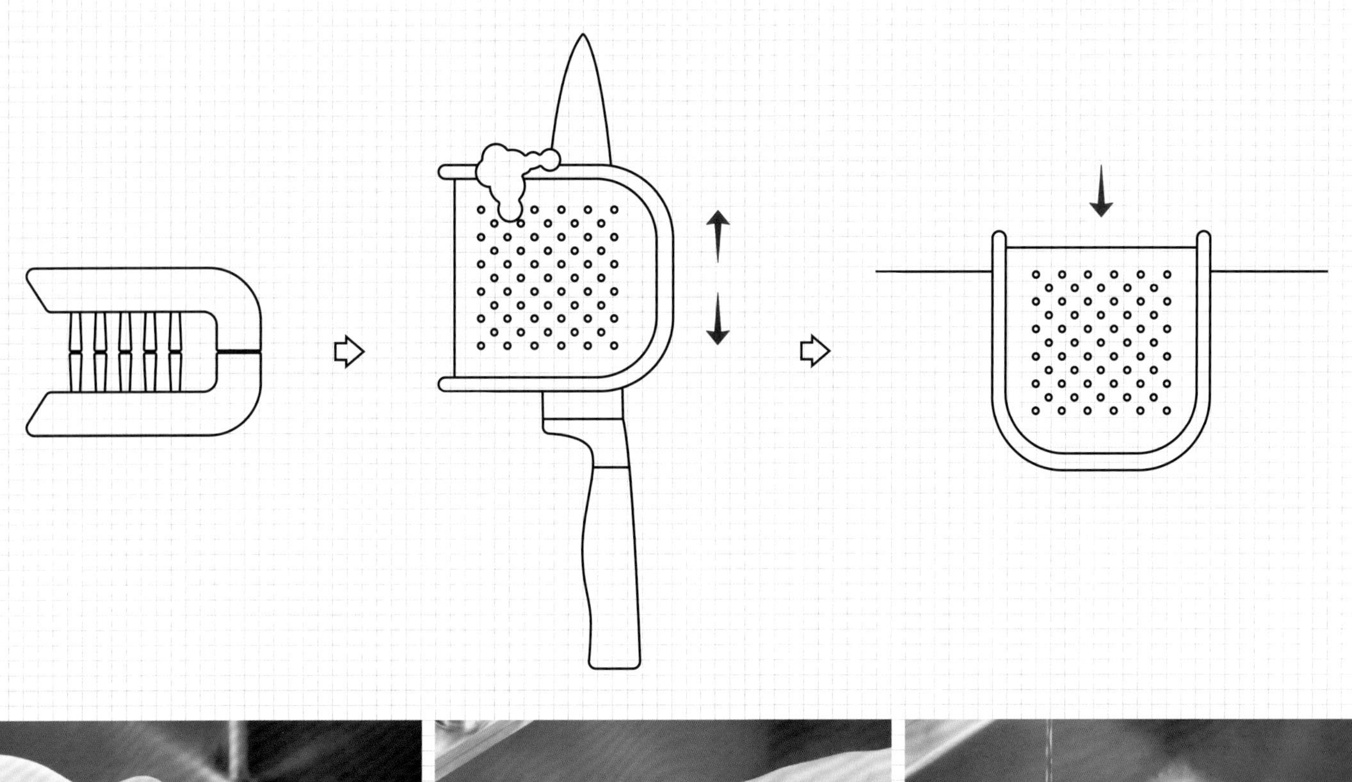

现在回到这款产品的设计上，当了解了刀具的伤害表现及伤害成因后，我们可以把设计定位更准确地切入到刀具清洁用具的产品设计中去。这款产品主体造型设计为U形，使用时，手指握住的产品部位为U形体的两侧，刀具在清洁过程中则位于U形体的凹口处，无论是刀口向外运动还是向内运动，都不会直接接触到手部位置。即通过造型处理，在接触位的设计考虑中拉开了手部与刀具的空间距离，降低了刃面伤害手部的可能性。同时U形体凹口中接触清洁刀具的清洁面运用的是毛刷设计：第一，毛刷的材质硬度能够擦除刀面上比较顽固的残渣污渍，达到清洁净度的要求；第二，毛刷的质地与毛刷的密度增加了接触面的摩擦系数，使得刀具不容易因为湿滑脱手，达到行为安全的目的；并且，在手指接触的U形体两侧位，以增加摩擦系数为目标，在材质肌理上做了处理，使得手指也不容易滑脱于产品表面，进一步降低了产品使用行为的风险（以上设计表现同样适用于叉、勺类餐具）。另外，考虑到产品自身置放的需求，U形体造型能够做到利用U口空间的深度直接插在盆体口沿，也有利于沥水通风，解决清洁类产品自体清洁的痛点问题。

可以看到，此款产品的设计表达并不难理解，使用方式也完全是直觉式的表现。通过分析研究用户对于产品使用行为的具体表现，找出合理的设计线索，是一款产品设计最终能够成立的前提和关键。

Joseph Joseph BladeBrush™ 刀叉餐具清洁刷

看懂设计：现代家居产品设计案例解析68

Joseph Joseph Palm Scrub™ 厨房皂液刷

国　家：英国

设　计：Donald Wentworth

品　牌：Joseph Joseph

时　间：2013 年

材　质：PP、尼龙、TPR、钢

尺　寸：88mm×95mm×135mm

这是一款整合了皂液容器与具备自出液功能的清洁刷的产品设计。在厨房水槽的清洗场景中，洗碗布、清洁刷、洗洁皂液等产品的常态往往都以独立的形式存在。这意味着用户在进行清洗行为时，需要经历“挤皂液”与“清洗”两类操作步骤。在操作的过程中，原本连贯的清洗行为会因为过程中添补皂液的需要而产生停顿。这种体验对于用户来讲，可以接受或者说也已经习惯，但是对于设计师来说，体验能够通过设计达到更好。

在这款产品设计中，产品分为皂液瓶与清洁刷两块功能区域，上下两端整合在一起。上端皂液瓶在存储皂液的同时作为清洁刷刷柄部件，提供握持的功能；下端刷头负责清洁，刷头内部与皂液瓶连接处设计有皂液渗漏口，皂液可直接从刷头内部向下渗出，配合刷头实现连贯的清洁行为。挤液的行为通过按压皂液瓶部件顶端的活动结构实现。最终产品的使用过程表现为：单手握持产品上部皂液瓶部位，拇指按压顶部活动件，出皂液（流水起沫），控制刷头清洁目标对象。此时，使用者的注意力可以一直集中在被清洗物本身，不会因为需要添补皂液而转移清洁刷的空间位置从而打断清洗过程，整个清洗过程中所有步骤连贯完成，简化了行为步骤，提升了行为效率。

当我们从设计主次关系的角度进行分析，可以注意到产品的尺寸考虑建立在单手操作的基础上。因为产品是以清洁刷为功能主体，皂液瓶是主体架构上的附件，所以，设计不会放大皂液瓶的特征表现，而是以“刷”作为功能起点。完成这个定位后，产品的尺寸必然都会依照实际行为中手部的客观因素进行目标设计。这种在设计中对设计比重“度”的把握比较微妙，厘清主次关系，并且明确设计的主体功能，做好准确的设计定位，在产品设计的具体开发过程中尤为重要。

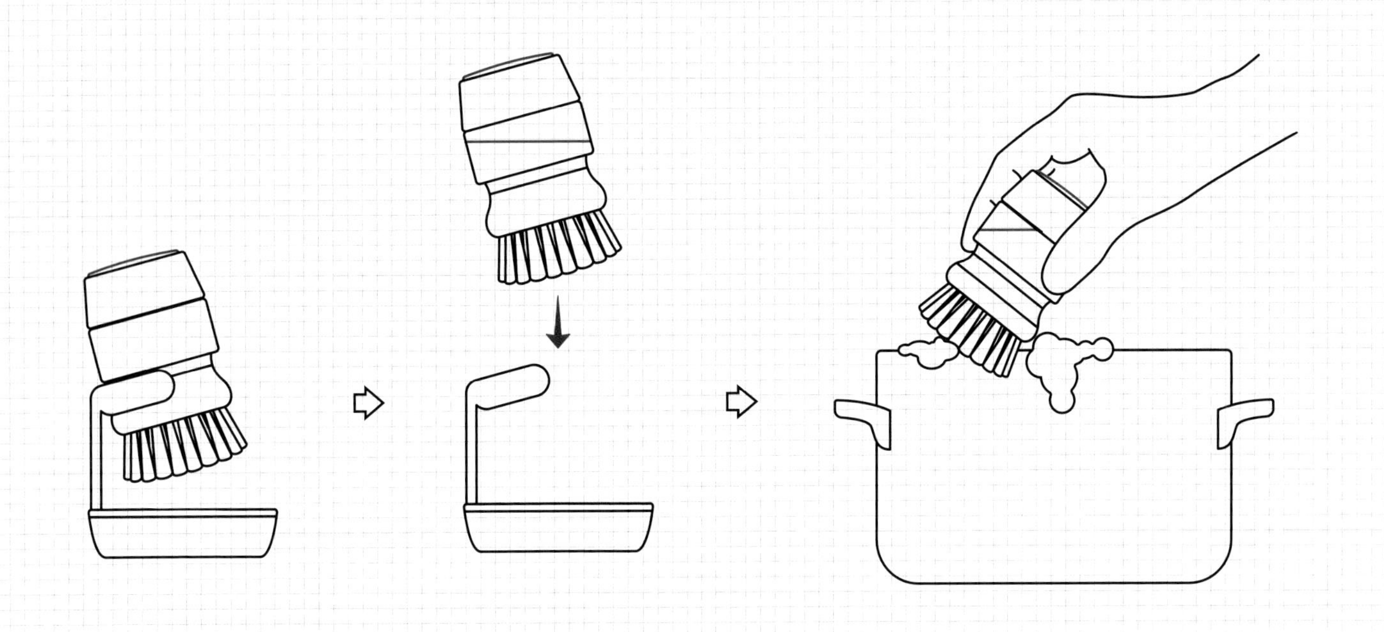

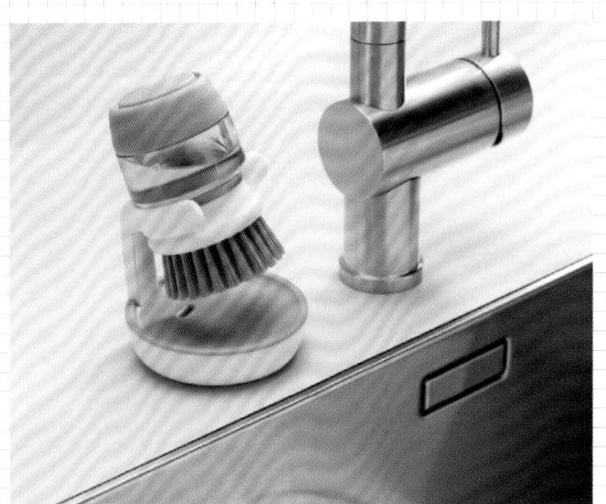

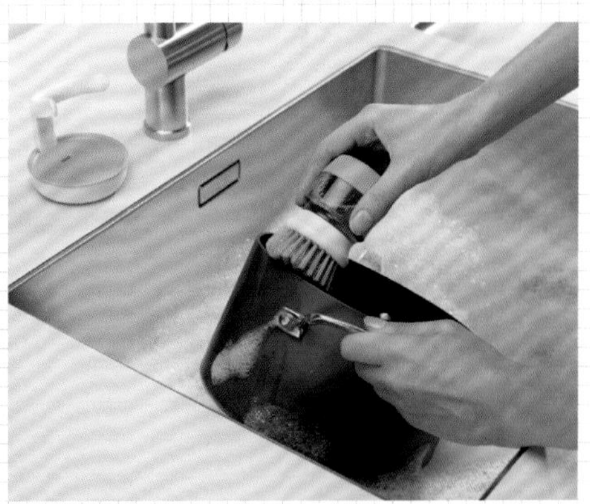

Joseph Joseph Palm Scrub™ 厨房皂液刷

看懂设计：现代家居产品设计案例解析69

HK Bonbonniere Onion 洋葱形置物盒

国　家：丹麦

设　计：Henning Koppel

品　牌：Georg Jensen

时　间：2014 年

材　质：不锈钢、橡木

尺　寸：高 114mm　直径 120mm

这是一款置物盒产品设计。产品的功能表达通过结构表现一目了然，分为盖体与盒体上下两部分。盖体使用橡木材质加工完成，盒体则运用了不锈钢材料，并且在工艺上做了抛光处理。橡木表面呈现木纹肌理的硬朗质感且木质为暖色倾向，而不锈钢镜面光滑的材质表现加上金属本体的冷色调，造成产品上下两部分产生非常强烈的视觉对比。同时，材质与色彩的面域比例控制得恰到好处，使得这份对比又不失协调。也正因如此，材质与肌理上的表现放大了产品主体的视觉效果，使得产品不再只作为一款收纳装置出现在场景中，更是以一件具有装饰品意味的产品融入精致的家居环境，提升了产品的附加价值。

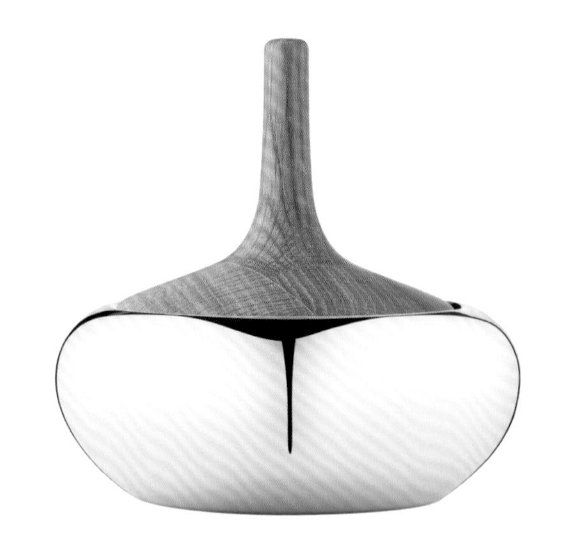

至于产品形态上拟物洋葱的造型意义倒显得并不重要。盖体手柄的长度与厚度的尺寸设计，以及盖体侧身线条联系盒体顶部曲面所做的曲线延伸的设计表达，构成了拟物对象的基础特征。但设计的目的在于完成整体造型的流畅性，并不完全是为了拟物而做出的考虑。

由此款产品可见，设计美感可以并不只依靠造型表达来体现。在基本造型的基础上，配合合适的材质与配色以及适当的工艺，同样能够带来饱满的视觉感受。

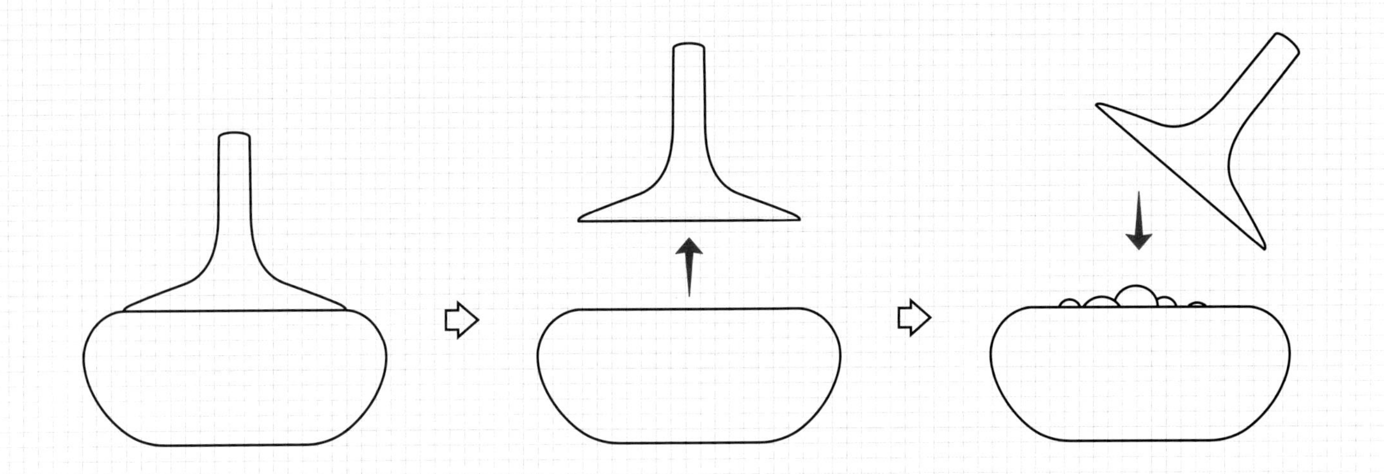

HK Bonbonniere Onion 洋葱形置物盒

Joseph Joseph Uni-Tool™ 厨房五合一用具

国　家：英国
设　计：Joseph Joseph
品　牌：Joseph Joseph
时　间：2009 年
材　质：硅胶
尺　寸：220mm × 303mm × 68mm

这是一款多用途厨房用具产品设计。在典型的厨房应用场景里，食材处理及烹饪加工的过程中会涉及多种用具的组合使用。如何更高效率地找到并且使用这些用具，成为这一类产品在厨房行为中的一个设计切入点。

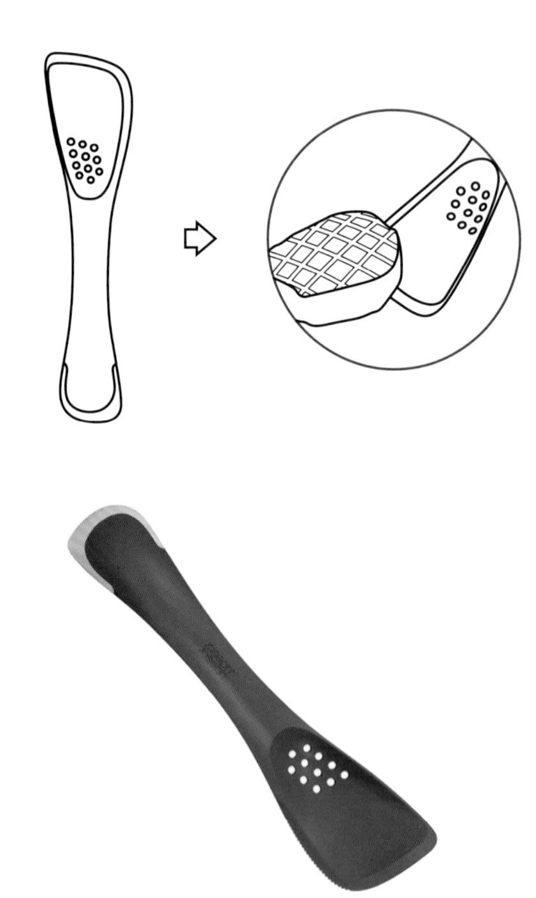

这款产品的主体形态符合一把漏勺的基本特征。它有标准的勺头连带勺柄的结构，同时勺头部位带有阵列漏孔，具备漏勺的功能。这种带功能特征的造型，能够帮助用户第一时间理解产品的用途并对应用途迅速展开正确的操作。但仔细观察可以发现，这款产品的勺头并不像常规勺体趋向于“圆弧凹口”那样的造型设计，它的勺头前端与两侧的曲面抬升比较平缓，前端的造型趋势更像是一把“铲子”向前伸出。这也就意味着这款产品在功能表达上还具备“锅铲”的功能。沿勺头周身继续观察还可以看到，勺头一侧边缘呈锯齿状造型，并且锯齿边缘的厚度控制在较薄的尺寸范围内，说明这一侧具备“刀具”的切割功能。顺着勺柄往上看，会发现勺柄尾部被一处略带弧形的扁状绿色硅胶部件包裹，联系实际操作表现，可以理解为勺柄这一位置可以作为“刮刀”使用，实现进行食材加工时将酱料涂、抹、刮、铲的功能。

通过上述观察及分析，这款产品可以被定义为整合了几种厨房用具，具备多种用途的“厨房用具综合体”。产品的设计表现在于对不同用具进行了功能的提炼，提取出这几件用具关键功能部位的形态细节，并整合到产品的主体造型中，最终通过手柄结合成一体。实际意义及卖点体现为：用户在食材处理及烹饪加工的行为过程中，不再需要那么多不同功能的用具同时出现在行为场景中，减少了使用不同用具时的替换与收纳的动作，提升了用户使用行为的效率。

145

这种多功能多用途用具确实解决了一些问题，但随之而来需要思考的是：当一件用具可以完成多件用具的工作，那么在利用这件用具的其中一个部位进行目标功能的作业时，是否也能达到如同使用一件只具备这一个单独功能的独立用具的质量与效果呢?

答案不是绝对的，但有可能的情况是：为了整合多件用具的功能，同时不影响用具的造型美感，在对某些功能部位进行设计时，可能会在功能的表现上做出一些适当的妥协。即：这件用具有可以提供多个功能应用表现的可行性，但设计的主要目标在于多功能多用途的整合，若要达到其中一个单一功能用具极致的功能表现，去买一件独立的用具来使用可能会是更合适的做法。毕竟单一功能的独立用具的设计，其所有的立场及出发点都是以这一功能的应用表现和使用方式为主体的。设计不必面面俱到，针对不同设计目标的产品，消费者会主动做出符合他们心理预期的选择。

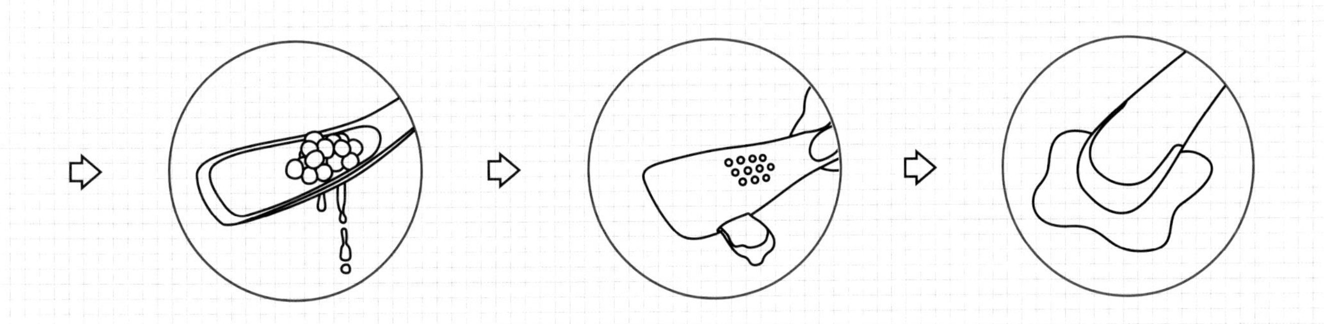

Joseph Joseph Uni-Tool™ 厨房五合一用具

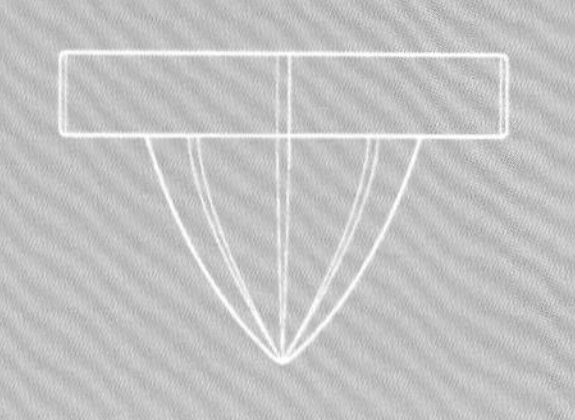

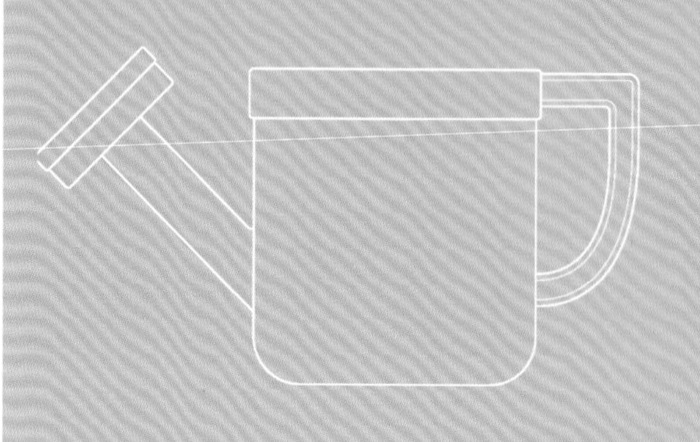

图书在版编目（CIP）数据

看懂设计 ：现代家居产品设计案例解析 / 江南著
. -- 杭州 ：浙江大学出版社，2021.3（2024.1 重印）
ISBN 978-7-308-21115-4

Ⅰ. ①看… Ⅱ. ①江… Ⅲ. ①家具－设计－案例
Ⅳ. ①TS664.01

中国版本图书馆 CIP 数据核字(2021)第 036863 号

看懂设计：现代家居产品设计案例解析

江 南 著

责任编辑 平 静
装帧设计 见 闻
责任校对 周 灵
出版发行 浙江大学出版社
（杭州市天目山路 148 号 邮政编号 310007）
（网址：http://www.zjupress.com）
制　　版 杭州海洋电脑制版印刷有限公司
印　　刷 浙江省邮电印刷股份有限公司
开　　本 889mm×1194mm 1/16
印　　张 9.5
字　　数 105 千
版 印 次 2021 年 3 月第 1 版 2024 年 1 月第 4 次印刷
书　　号 ISBN 978-7-308-21115-4
定　　价 100.00 元

浙江大学出版社市场运营中心联系方式：0571－88925591
http://zjdxcbs.tmall.com